珠江流域来水需水分析及预测

陈　璐　黄牧涛　冯仲恺 等　著

科学出版社
北京

内 容 简 介

本书针对变化环境下珠江流域来水需水预测与调配重大工程需求，构建概念式岩溶-新安江水文模型和 VIC-3L 水文模型；在此基础上，评估气候变化情景下珠江上游水文循环的时空演化趋势和格局。进一步，建立社会、经济和环境综合作用下需水预测系统动力学模型，探明工业、农业、生活等多源需水单元的动力学演化特性；在此基础上，建立水资源优化配置和方案综合评价模型，阐明水资源互馈系统的演化特性与动态均衡，为水资源的管理、优化配置及政策的制定提供科学参考。

本书可供水文、水资源、环境、生态等领域的科研、管理和教学人员阅读，也可作为相关专业研究生和本科生的专业读物。

图书在版编目(CIP)数据

珠江流域来水需水分析及预测/陈璐等著. —北京：科学出版社，2021.9
ISBN 978-7-03-069808-7

Ⅰ.①珠… Ⅱ.①陈… Ⅲ.①珠江流域-水源-研究 ②珠江流域-需水量-研究 Ⅳ.①P337.2

中国版本图书馆 CIP 数据核字（2021）第 189975 号

责任编辑：何 念 张 湾／责任校对：高 嵘
责任印制：张 伟／封面设计：无极书装

科学出版社 出版
北京东黄城根北街 16 号
邮政编码：100717
http://www.sciencep.com
北京凌奇印刷有限责任公司 印刷
科学出版社发行 各地新华书店经销
*
开本：787×1092 1/16
2021 年 9 月第 一 版 印张：10
2022 年 9 月第二次印刷 字数：237 000
定价：98.00 元
（如有印装质量问题，我社负责调换）

前　言

水是"生命之源，生产之要，生态之基"。然而，近年来人类社会高速发展，全球气候变化问题日益严峻，洪涝灾害、水资源短缺、水生态恶化、水土流失等水问题日益突出，已成为制约全球，尤其是我国经济健康可持续发展的重要瓶颈问题。作为我国的重要流域，珠江流域地貌多样、人口密集、经济发达，但水资源时空分配不均，防洪工程体系和水利枢纽网络尚不完善，导致流域整体洪水抵御能力相对偏弱，局部地区饱受洪涝等水灾害问题侵袭。为此，作者聚焦变化环境下珠江流域水文过程响应及其动态调控问题，首先建立适用于珠江流域地理特征的岩溶-新安江水文模型和大尺度分布式 VIC-3L 水文模型，深入研究不同气候模式和温室气体排放情景下的水文要素时空演化过程，以期实现对流域未来来水过程的精确模拟；进一步，建立多因子驱动的珠江流域需水预测系统动力学模型，刻画生活、工业、农业等不同用水部门的需水阈值、需水总量、需水结构及需水规律；接下来，建立水资源优化配置和方案综合评价模型，阐明不同情景下目标区域的缺水、供水、用水结构等特征信息。研究成果对缓解我国水资源短缺现状、防治洪涝灾害、实现水资源的可持续利用有着重要的理论支撑作用。

本书主要章节内容安排如下：第 1 章论述国内外水文模型、气候变化条件下的径流响应与需水预测方法的研究现状和进展趋势；第 2 章介绍珠江流域的地理位置、河流水系、地貌地质、土壤植被、降雨时空分布规律等基本信息；第 3 章在传统新安江水文模型与岩溶水箱基础上，构建反映岩溶区气象水文特征的岩溶-新安江水文模型，有效提高岩溶地区水文过程模拟与预报的精度；第 4 章有机运用流域水资源分区、气象水文、土壤特征、河流流向等数据，构建满足研究区域径流预报需求的 VIC-3L 水文模型；第 5 章综合运用 CanESM2 气候模式、三种温室气体排放情景（RCP2.6、RCP4.5 和 RCP8.5）、统计降尺度方法等解析珠江流域未来气候情景，揭示变化条件下珠江流域来水过程与变化环境的动态响应规律；第 6 章引入社会水文学思想和系统动力学理论，构建珠江流域工业、农业、生活等不同单元的需水预测系统动力学模型，探明流域需水量与关键因子的耦合互馈关系；第 7 章以柳州市为研究对象，建立面向社会、经济和生态环境协调发展的水资源优化配置模型及其方案综合评价模型，探明水资源多维复杂系统的互馈关系。

陈璐拟定全书大纲并负责第 1~6 章的撰写工作，黄牧涛负责第 7 章的撰写工作，冯仲恺负责全书的统稿和定稿工作。周清、易彬、路岚青、汪金梦、李小娟、谢嘉维、李思明、覃叶红萍等多名博士、硕士研究生协助完成了全书的文字撰写、数据校核、案例分析、全书校正和插图绘制等工作。具体地，陈璐、周清、易彬参与第 3~5 章水文模型的建立，以及变化条件下珠江流域来水过程与变化环境的动态响应规律解析；易彬、路岚青参与第 6 章珠江流域需水预测系统动力学模型的建模研究；黄牧涛、汪金梦、李小娟、谢嘉维等参与第 7 章的建模、撰写及系统构建工作；冯仲恺、易彬、李思明、覃叶红萍参与全书的统稿和校稿工作。

　　本书的相关研究工作得到了国家重点研发计划"珠江流域水资源多目标调度技术与应用"（2017YFC0405900）、国家自然科学基金优秀青年科学基金项目"多变量水文过程模拟及其风险响应"（51922047）、国家自然科学基金面上项目"变化环境下耦合大气-陆面水文过程模拟与需水预测系统动力学建模的供需平衡分析"（51879109）、国家自然科学基金面上项目"多维不确定性随机扰动胁迫下水库群防洪调度风险分析"（51679094）、国家自然科学基金青年科学基金项目"水库群复杂防洪系统的设计洪水及风险分析"（51309104）、国家自然科学基金青年科学基金项目"特大流域水电站群优化调度降维方法研究"（51709119）、中国科协"青年人才托举工程"项目等多个重大科研项目的支持和资助。

　　本书内容是作者近年来在水文预报与需水预测领域的成果总结。在研究工作中，作者得到了武汉大学、中山大学、华中科技大学、大连理工大学等相关科研院校专家、同仁的大力支持与帮助，同时也学习和吸取了众多国内外权威专家学者的最新学术成果，在此一并表示衷心的感谢。

　　由于流域来水需水预测与调配研究工作尚处于初步发展期，相关理论与方法仍需进一步发展和完善，加之作者水平有限，书中不当之处在所难免，敬请读者批评指正。

作　者
2021 年 3 月

目　　录

第1章 绪　　论

随着世界经济的迅速发展、全球人口的加速膨胀、城市化进程的普遍加快，水资源短缺已成为影响世界政治格局、经济发展和社会进步的重要瓶颈问题，其本质在于供给和需求的矛盾与不平衡。据联合国数据估计，人类的需水量在 20 世纪发生了深刻的变化，20 世纪初期全球用水量仅为 $4000 \times 10^8 \mathrm{~m}^3/\mathrm{a}$，到 20 世纪末期，已上升至 $39\,000 \times 10^8 \mathrm{~m}^3/\mathrm{a}$。另外，全球气候变化问题日益严峻，洪涝灾害、水资源短缺、水生态恶化、水土流失等水问题日益突出，水资源作为"生命之源，生产之要，生态之基"，其重要作用不言而喻。

本章简要介绍研究背景及研究意义，围绕全书涉及的三个主要研究方面——水文模型、气象水文过程模拟、需水预测方法及模型，深入分析国内外研究进展及研究现状，最后简要概述各个章节的主要研究内容。

1.1　问题提出的背景

水是人类文明的起源，是人类赖以生存及发展的基础，是社会经济发展不可或缺的重要资源，因此水又被称为"生命之源，生产之要，生态之基"。目前，全球淡水资源仅为世界总水量的 2.5%，其中 86% 的淡水难以被开发利用，可被人类直接利用的河流水、湖泊水仅占全球淡水总量的 0.26%。我国水资源总量占全球淡水资源的 6%，约为 $2.8 \times 10^{12} \mathrm{~m}^3$，全球排名第四。但因为我国人口众多，水资源时空分布极其不均，人均用水量远低于世界平均水平，国内局部地区水资源严重匮乏，供需矛盾日益凸显。随着经济的发展和社会的进步，近年来水生态恶化、水资源污染等水安全问题引起了社会各界的高度关注和广泛重视，水问题已经成为制约全球，特别是我国社会经济可持续发展的重要瓶颈。

气候变化是影响水资源的重要因素。2014 年联合国政府间气候变化专门委员会（Intergovernmental Panel on Climate Change，IPCC）第五次评估报告中指出，全球变暖已成为未来气候变化的趋势。气候变化必然会对大气运动状态造成影响：一方面，将会直接影响径流、土壤湿度、降雨、蒸发等，进而导致水资源时空上的重新分配及流域内水资源总量的增加或减少；另一方面，气候变化将改变未来降雨频率、强度，导致各地极端干旱、洪涝灾害频频发生，加重水资源恶化，对水资源的开发利用造成严重影响，严重威胁全球水安全[1-2]。

此外，受经济迅速发展、全球人口加速膨胀、地方城市化进程加快等因素的综合影响，世界各地对水资源的需求仍在日益增长。按目前的用水强度模拟未来全球用水总量，预计到 2100 年全球用水量将达到 $80\,000 \times 10^8 \mathrm{~m}^3/\mathrm{a}$，而中国需水量也会攀升至 8814 ×

$10^8 \text{ m}^3/\text{a}$[3]。联合国《世界水资源综合评估报告》指出："缺水问题将严重制约 21 世纪世界经济和社会发展，并可能导致国家间的冲突。"[4]

2013 年，国际水文科学协会（International Association of Hydrological Sciences，IAHS）正式启动了 Panta Rhei 科学计划（2013～2022 年）[5]，该计划重点研究社会水文学的变化行为，通过研究人类活动对水循环变化的作用和响应机制，提高人类对水循环的影响与利用能力，以期提高对水资源互馈系统长期演化趋势的预测水平，最终制定适应变化环境的水资源可持续开发利用策略[6]。由此可见，社会-自然变化环境下的水文水资源响应不仅是 21 世纪国际学术界公认的研究热点和难点，而且是探索全球水文水资源利用前景的重要手段。为更好地预测在变化环境下水资源的发展态势，关键之一就是要合理地模拟未来的水资源量或径流总量。

水资源危机威胁国家用水安全，制约国民经济发展，甚至会影响世界政治经济格局。综合考虑自然环境和社会经济等复杂因素影响，开展变化环境下的水资源总量评估、未来需水量预测和供需平衡分析是水安全战略研究的重要课题，不仅可以创新和发展水科学的理论方法与关键技术，而且能够更好地解决未来发展过程中面临的水问题。

珠江流域覆盖整个中国南部，是我国重点防护的流域对象之一，流域内地貌多样、人口密集、水资源分配不均。珠江上游地处高原地区，是我国西南少数民族聚居地，人烟稀少，经济欠发达，防洪工程体系尚不完善，水利枢纽建设不完备，防洪工事以堤防防洪为主。珠江下游地区是我国经济特区，人口分布密集，经济高度发达，但下游三角洲、柳州市、梧州市等重点防护对象的洪水抵御能力相对偏弱。对于珠江下游经济发展前沿地区，由气候变化引起的洪涝、干旱等自然灾害给社会经济带来了较大的损失；而欠发达中上游地区，适应气候变化、防范自然灾害的能力相对薄弱，一旦发生自然灾害，下游也将承担更大的风险。另外，随着人口膨胀和社会经济发展，需水总量日益增长，水资源供需矛盾愈加突出。气候变化背景下，利用气候模式预估未来气候变化情势，预测流域水文循环演化趋势、需水变化特性及径流响应机制已成为研究的热点和难点。

为此，本书围绕珠江流域水文过程模拟，以及变化条件下的水文响应、需水量预测与供需平衡分析等问题展开研究，既是当前的研究热点，又是我国可持续发展的重要战略方向，关系到经济、社会及生态环境可持续发展等诸多方面。

1.2 来水需水预测的研究现状

1.2.1 水文模型

水文模型是水文水资源领域的核心工具之一，在洪水预报、水资源规划等领域起着不可或缺的作用。它是以数学的形式描述水文产流、汇流过程，可将其视为一个复杂系统，以降雨、蒸发等资料为系统输入，通过产汇流过程的模拟计算，最终输出流域的模拟径流量。水文模型可分为概念式水文模型、分布式-半分布式水文模型、黑箱模型三种[7-9]。概念式水文模型是由描述降雨的产汇流机理的公式组成的，但受早期理论研究水平的限制，忽略了降雨时空分布和下垫面差异的影响；分布式-半分布式水文模型在产汇流物理机制的基础上，将流域划分为不同的若干单元或子流域，充分考虑了降雨分布不均与下垫面差异对水文过程造成的影响；黑箱模型是计算机高速发展下形成的产物，又称经验性模型，它不考虑模型的物理意义，完全通过复杂的数学统计关系对降雨进行模拟。

水文模型的诞生可追溯至 20 世纪 30 年代的下渗定理和单位线[10-11]；水文模型的蓬勃发展主要是在 20 世纪 50~80 年代，此阶段主要围绕水文循环的过程展开研究，随之产生的模型多为概念式水文模型，如新安江水文模型、Stanford 模型、水土保持局（Soil Conservation Service，SCS）模型、水箱模型、水文工程中心（hydrologic engineering center，HEC）模型等[12]；随着计算机技术的快速发展，地理信息系统（geographic information system，GIS）和遥感技术突飞猛进，20 世纪 60 年代后，Freeze 等[13]首先提出了分布式水文模型的概念，在传统水文模型中考虑了下垫面的影响，此后，分布式水文模型引起了学者的广泛关注，逐步成为水文模型的研究焦点，随后大量的半分布式水文模型与分布式水文模型相继问世，主要包括地形水文模型（topography hydrologic model，TOPMODEL）[14]、欧洲系统水文（system hydrological European，SHE）模型[15]、可变下渗容量（variable infiltration capacity，VIC）水文模型[16]、SWAT 模型[17]等；21 世纪，计算机性能日益提高，学者不断将人工智能算法运用于水文预报[18]，至此黑箱模型备受关注，目前运用最多的是逆传播（back-propagation，BP）神经网络模型[19-21]、自回归滑动平均（autoregressive moving average，ARMA）模型[22-23]。

我国在 20 世纪针对流域的具体特性，也开展了水文模型的深入研究。Zhao 等[24]提出了新安江水文模型，被广大学者认同并广泛应用；朱求安等[25]、张心凤等[26]、李哲等[27]、李致家等[28]、邵成国等[29]、Shi 等[30]将新安江水文模型应用在汉江流域、珠江流域、长江流域、海河流域、乌鲁木齐河流域等区域的水文预报中，均得到了较好的预报效果；冯娇娇等[31]、曹虎[32]、周瑜佳等[33]利用普适似然不确定性估计（generalized likelihood uncertainty estimation，GLUE）算法、复合遗传算法等方法对新安江水文模型参数的敏感性、不确定性及准确性进行了分析；Li 等[34]利用新安江水文模型研究了澳大利亚东南部 210 多个集水区中研究植被蒸腾对径流的影响。概念式水文模型多属于集总式水文模型，一般多用于小流域径流预报，而大流域因下垫面差异和降雨时空分布不均多采用分布式水文模型，需要将流域网格化或区域化且其应具备与大气耦合的能力，可有效地进行未来水文响应的研究；除此之外，分布式水文模型还被用于水质污染、水土流失等相关研究中。朱悦璐等[35-36]、朱悦璐[37]以渭河为典型流域，采用 VIC 水文模型研究了模型参数、气候变化、下垫面等不确定因素影响下的水文响应；陈思[38]运用 VIC 水文模型对无定河流域进行了水文模拟，分析了模型参数的敏感性及其对流域未来径流的影响；SWAT 模型可被用于除草剂及其代谢产物，土壤中的磷、氮等非点源污染的迁移途径模拟[39]，为流域的污染治理提供了理论依据[40-41]。

随着对模型理解和研究的深入，不少学者改进了传统概念式水文模型和分布式水文模型以满足各研究区域的实际需求。索立涛等[42]根据研究区域子流域间的水分补给关系对 TOPMODEL 进行了重构，建立了适用于岩溶地区的水文模型；范火生[43]、朱子唯等[44]、王加虎等[45]借助 GIS 工具，按流域下垫面性质将其网格分区化，结合传统新安江水文模型建立了分布式-半分布式的新安江水文模型；Jukić 等[46]以约旦河流域为研究对象，将地下水模型与水量平衡模型结合，开展了径流模拟研究；Malagò 等[22]根据岩溶地区落水洞、岩溶管道特点，将 SWAT 模型与岩溶模型相结合，建立了岩溶地区的 SWAT 模型，研究了克里特岛区域尺度的水文模拟。总体而言，相对于国外水文模型的研究，我国仍需进一步加强对水文模型的研究，以促进流域的数字化，推动我国水利事业的蓬勃发展。

1.2.2　变化条件下气象水文过程模拟

20 世纪 70~80 年代，国内外针对气候变化下的气象水文过程模拟及水资源响应开展了一系列研究工作，IPCC 已经完成了五次全球气候变化的成因分析、水资源响应评估及应对气候变化的对策研究。1977 年，美国相关组织已经开始了对全球气候变化、水资源供需平衡等关系的一系列研究。Mimikou 等[47]以希腊中部为研究对象，借助 HadCM2 和 UKHI 两种气候模式，开展了气候变化下未来降雨、平均月径流量的响应研究；2004 年，刘昌明[48]以黄河流域为研究对象，从水循环的角度探讨了人类活动和气候变化对流域水文过程的影响；Milly 等[49]基于历史水文气象数据，考虑了人类活动与气候变化的影响，对研究区域的径流量进行了预测，并探讨了三者之间的影响关系；Arnell[50]应用 HadCM2 和 HadCM3 两种气候模式，模拟了不同气候模式下全球不同流域的入流及用水量变化特性；Yang 等[51]利用水文气象观测站点的降雨、蒸发、径流等历史数据，探究了气候变化对黄河流域径流的影响，并得出了气候变化是造成黄河流域径流减少的重要原因之一的结论；Blöschl 等[52]分析了气候变化、土地利用与径流变化之间的相互关系；Smith 等[53]开展了印第安纳州城市化和气候变化对流域径流影响的研究，结果表明城市化对径流的影响可能更大；李志等[54]利用分布式水文模型 SWAT 模型定量模拟了气候变化及土地覆盖对黑河流域径流变化的影响程度；Chen 等[55]以梭磨河流域为研究对象，分别利用 SWAT 模型和 CHARM，研究了气候变化和土地覆盖变化对流域径流的影响，指出气候变化是影响径流的主要原因；丁相毅等[56]耦合全球气候模式与 WEP-L 模型，针对气候变化下海河流域水文水资源的响应展开了研究；刘德地等[57]应用 BP 神经网络模型分析了气候变化与人类活动对东江流域地表径流的影响；徐宗学等[58]耦合气候模式与分布式水文模型（VIC 水文模型和 SWAT 模型），研究了松花江、海河、太湖等流域未来气候变化环境下的水文响应规律。

针对未来气候模拟问题，虽然全球气候模式在大尺度上可以很好地反映气候变化特征，但对于中小尺度上大气运动特征的模拟精度还略显不足[59-60]。因此，降尺度方法常被用于气象模拟研究中，其将低分辨率的大气运动信息转化为研究区域尺度的气候状态。常用的降尺度方法主要有统计降尺度方法和动力降尺度方法两种。刘卫林等[61]采用统计降尺度模型（statistical down-scaling model，SDSM）将 CanESM2 气候模式降尺度到赣江流域，预估了区域未来气温和降雨信息；刘品等[62]基于地面实测资料和 ERA-40 再分析资料评估了自统计降尺度（automated statistical downscaling，ASD）模型在中国东部季风区的适用性；魏培培等[63]评估了 IPSL-CM5A-LR 气候模式和区域天气预报（weather research and forecasting，WRF）模式对华东地区极端气候的模拟能力；Zhang 等[64]基于 RegCM3 区域气候模式开展了东亚未来气候变化的响应研究。

1.2.3 需水预测方法

水资源需求预测研究历史较短，100 多年前，美国率先对其展开研究[65]，20 世纪中叶，美国内政部地质调查局制定了美国用水估算政府规划，并预测了未来 5 年内的用水发展趋势；1965 年，美国水资源协会开始将全国水资源工作纳入研究计划，于 1968 年和 1978 年先后发布了全国水资源评价报告，该报告分为三个阶段，并在第一阶段分析了当前供水存在的问题[66]。20 世纪 60 年代后，伴随着经济的快速发展，各国用水量显著上升，需水量预测工作开始得到广泛和高度重视[67]。

第二次世界大战后，以英国、法国、日本为首的发达国家进入了快速发展阶段，经济提高不但导致用水量急剧上升，而且造成了大范围的水质污染，水资源问题引起了国家层面的关注。20 世纪 60 年代始，上述国家陆续将需水预测工作提高到国家宏观政策层面，并将其作为国土规划的重要依据。20 世纪末，一大批发展中国家用水开始紧张，并呈现进一步恶化的趋势，水问题演变成全球性问题。1992 年，联合国环境与发展会议制定了影响深远的文件——《21 世纪议程》[68]。从此，可持续的水资源发展战略成为研究的重心，极大地推动了水资源需求预测的研究工作。

与国外需水预测研究相比，我国需水预测的研究发展较为滞后。在 20 世纪 60 年代前，基本没有需水预测工作[69]，20 世纪中叶前后，农业灌溉制度在国内得到完善，农业灌溉用水迅速上升，此时需水预测主要应用于灌溉试验研究[70-71]；至 70 年代末，农业灌溉需水继续增长，一般采用一定的灌溉机制进行预测，居民生活用水和工业用水也增长较快，基本采用趋势外延法[72]、年增长率法[73]、线性回归法、多元线性回归法[74]等进行预测；80 年代后，工业用水陡增，城市化进程加快，人民生活水平提高，居民用水也显著增加，水资源短缺、水环境污染、地区分布不均等问题不断涌现，水资源需求量不断上升。此时，需水预测工作得到相关部门的高度重视，许多需水预测方法在这一时期大量涌现[75]。学者在需水预测方面也开始开展较为深入的研究工作，1982 年徐锐宏观地探讨了我国水资源的需求及发展趋势[76]；1994 年陈家琦预测了我国变化环境下的水资源供需关系，认为 2030 年以前全国用水量增长是无法避免的，但随着物质财富的增加，精神文明的不断提升，这种增长不会无限制地持续下去[77]；此外，还有一大批学者用不同的方法预测了我国的未来需水量[78-79]。

截至目前，需水预测的方法主要有时间序列法[80-81]、回归分析法[82-83]、灰色预测法[84]等，具体分类如表 1-1 所示。其中，回归分析法的应用较为成熟，但该方法存在较多局限，如模型效果取决于长序列的原始数据，受限于所选自变量的可靠性，这在很大意义上限制了该方法在需水预测中的推广[85]。针对上述缺陷，可行的解决方法是灰色预测法、人工神经网络法[86]。但该类方法的效果在很大程度上要求原始数据在时间尺度上的序列呈指数规律变化，即数据总体上变化趋势一致，在数量尺度上无大幅波动，不是周期性或无序性的突变[87]。GM(1, 1)模型是灰色预测法中比较常见的模型之一，该模型适用于指数型序列，而在实际情况中大多数指标呈 S 形增长[88]。因此，单独使用 GM(1, 1)模型会造成预测值过大。为避免单一模型带来的误差等，吕孙云等[89]采用组合预测方法研究了需水量的变化情景及其成因；王有娟等[90]构建了基于 GM(1, 1)模型和 Verhulst 模型的灰色组合模型，并使用该模型对浙江省需水量进行了预测，结果显示，该模型能兼顾 Verhulst 模型与 GM(1, 1)模型的优点，其预测误差更小。

表 1-1　需水预测方法分类

类别	需水预测方法	
定量预测方法	时间序列法	移动平均法 指数平滑法 趋势外延法
	系统分析法	灰色预测法 系统动力学法 人工神经网络法
	结构分析法	一元线性回归分析法 非线性回归分析法 多元线性回归分析法
定性预测方法	用水定额法 宏观经济模型法 基于用水机理预测法 工业用水弹性系数法	

　　针对变化环境下的需水预测问题，首先需要厘清水资源总量的演化趋势。因水文循环受气候变化影响较为显著，水资源总量也会发生相应的改变。IPCC 预测，气候变化会引起全世界范围内降雨模式的改变，同时会造成全球气温升高，改变水资源的有效性，使区域性甚至全球性的水资源供需不平衡[91]。气候变化和人类活动正深刻影响着水资源供需系统，已有研究证实了气候变化与部门需水量之间的关系，但对于自然-社会环境下水资源供需平衡的研究尚在起步阶段。例如：Frederick[92]面对日益变化的气候，研究了经济发展对将来水资源供需平衡的影响，并根据研究结果提出了若干可行的解决方案；Ruth 等[93]将城市发展规模作为研究对象，分析未来水资源的供需平衡问题；Bounoua 等[94]通过研究复杂气象系统在时间尺度上的变化，改进了城市需水量计算方法，并将该方法应用于新环境下城市的需水预测研究。纵观国内外需水预测研究，传统需水预测方法简化了多个耦合影响因子，不能很好地处理系统要素间的非线性关系，在一定程度上降低了预测结果的精度。尽管国内外学者在需水预测方面取得了一些成果，但还存在以下问题亟待研究和解决。首先，预测方法大多数建立在已有的历史用水数据基础上，但数据不健全导致需水预测结果存在不确定性；其次，驱动需水量增长的各类因素具有阶段性，用水定额不会随着经济的增加而无限上升，即没有厘清经济发展规律和用水需求量之间的本质关系，导致预测需水量偏大，这一点在发达国家已得到证实，发达国家需水量一度停滞甚至出现负增长[95]；再次，需水预测未全面考虑变化环境下未来的来水情势，即供水与需水之间的约束关系，未来的来水量或供水量可能无法满足用水需求量，若未考虑该约束条件，则预测结果偏大；最后，目前常用的需水预测方法涉及自然、人口、经济、环境、技术和社会等一系列影响

因素，而预测方法只能反映平稳的几何增长过程，没有反映各个因素或子系统之间的内在联系或互馈关系。在此背景下，系统动力学法备受推崇。

1.2.4 系统动力学法的需水预测

系统动力学是一门诞生于 20 世纪中叶、用于分析和研究信息反馈的学科，也是一门认识系统问题与解决系统问题的交叉性、综合性学科[96]。系统动力学是系统科学和管理科学重要的子领域，其汲取了两类大学科的特点，结合了现实中各种非线性多因素耦合的反馈关系，可以很好地搭建连接自然科学和社会科学的桥梁。系统动力学理论以独有的联系、发展、运动的观点解决复杂系统问题；在实际应用中，系统在非线性作用下常表现出反直觉、多样化动态特性，该特性已广泛引起学者的关注。系统动力学应用极其广泛，已成功应用于社会经济、生态环境等多个学科[97]。

福里斯特 1961 年率先将系统动力学引入工业生产，1969 年将系统动力学应用于城市发展，1971 年发表了《世界动力学》[98-100]。随着应用领域的拓展，系统动力学逐步发展成一门独立的学科[101-103]。从本质上来说，系统动力学模型是由若干带时滞的微分方程组成的，这些方程有助于解释和处理多模态聚合影响下的复杂问题，适用于战略性预测和动态仿真分析与研究。与上述回归分析法不同，系统动力学法克服了数据广度和参数精度的限制，大大提高了其适用性。正是由于系统动力学在复杂非线性系统研究中具有无可比拟的优势，目前其已广泛应用于工业、农业、生态、环境等诸多领域[104]。

水资源供需系统是一个由多要素同时作用的复杂非线性系统。为使水资源供需系统处于可持续发展动态平衡状态，确保水资源供需量稳定，2001 年，Krystyna[105]以美国西部水资源管理为例，构建了宏观战略层面的系统动力学模型，加深了公众对水资源保护价值的认知，并提升了水资源管理决策水平；2013 年，Akhtar 等[106]针对社会-生态-气候-经济-能源耦合系统进行了系统动力学模型的建立和评估；Ding 等[107]对作物生产-水足迹-虚拟水关联的耦合关系进行了系统动力学模型的建立；Kotir 等[108]构建了水资源管理和农业可持续发展的系统动力学模型，提高了决策者对系统演化长期动态行为的理解。

20 世纪 70 年代末，系统动力学引入我国，在各个研究领域得到了广泛的应用，尤其是将该理论运用至了多目标复杂系统的研究中，并取得了丰硕的成果。1999 年，于冷[109]构建了流域水资源模拟的系统动力学模型；2000 年，陈成鲜等[110]针对目前的水资源短缺问题，引入了水资源多重可持续发展因子，将复杂系统分成水资源子系统、社会经济子系统和人口环境子系统，并对我国未来用水情况进行了预测；2006 年，黄贤凤等[111]针对江苏省的经济-资源-环境互馈关系进行了系统动力学模型的建模与模拟仿真，验证了采用系统动力学法开展可持续发展问题研究的有效性和科学性；2014 年，李文超等[112]利用系统动力学原理，构建了我国经济-能源-环境可持续发展的系统动力学模型，对我国经济-能源-环境的可持续发展提出了合理建议；2016 年，李桂君等[113]利用系统动力学模型模拟了北京市水-能源-粮食互馈系统，刻画了水-能源-粮食间的相互协同制约关系。综上所述，系统动力学在复杂非线性多维水资源供需平衡体系中有较强的适用性，在需水预测及供需平衡分析方面有其特有的优势。

1.3　本书的主要内容

针对变化环境下未来气候情景预估、水文过程响应及自然社会综合因子影响下需水预测研究面临的关键问题和技术难题，本书以珠江中上游流域（梧州市）和漓江流域（平乐县）为研究对象，探究基于全球气候模式和不同温室气体排放情景的珠江流域最高气温、最低气温、降雨等水文要素的时空演化格局，评估珠江流域未来径流量在多维时空尺度下的可能演变趋势，构建一套适用于岩溶地区的概念式水文模型，建立变化环境下珠江流域多因子（生活、工业、农业）需水预测系统动力学模型，研究不同规划年份各用水部门的需水阈值、需水总量、需水结构及需水规律。研究成果对缓解我国水资源短缺现状、防治洪涝灾害、实现水资源的可持续利用有着重要的理论支撑作用。本书的主要章节内容安排如下。

第 1 章绪论。本章阐述研究的背景、意义及目的，总结并回顾国内外水文模型、气候变化条件下径流响应和需水预测方法的研究现状与进展趋势，详细介绍本书的研究内容和框架结构。

第 2 章研究区域概况。本章以珠江流域为代表，详细介绍流域地理位置、河流水系、地貌地质、土壤植被等基本信息，利用历史长序列实测水文气象资料分析珠江流域气温和降雨的时空分布规律，并全面介绍珠江流域水资源的开发利用情况、社会经济状况。

第 3 章岩溶地区的概念式水文模型。本章以桂江上游的漓江流域为研究对象，根据不同下垫面的产流特性与多种岩溶孔隙介质体的汇流特征，将传统新安江水文模型与岩溶水箱结合，构建反映岩溶区水文特征的概念式水文模型，利用多目标算法对模型参数进行率定，并对模型模拟结果分水源进行分析，提高岩溶地区水文过程模拟与预报的精度。

第 4 章大尺度分布式水文模型在珠江中上游流域的应用。本章以珠江中上游流域为对象，详细介绍 VIC-3L 水文模型的原理及结构，根据流域水资源分区数据、历史水文资料、土壤分类数据、土壤利用数据、河流流向数据，分别制作模型需要的气象、土壤、植被等输入文件，构建满足研究区域径流预报需求的 VIC-3L 水文模型，采用坐标轮换法对模型进行率定，并利用多尺度、多指标对模型模拟效果进行分析。

第 5 章未来气候预估及径流响应。本章对珠江中上游流域未来水文气候变化及水文响应进行研究，引入 CanESM2 气候模式、典型排放情景（RCP2.6、RCP4.5 和 RCP8.5 三种排放情景）及 SDSM 对流域未来气候情景进行预估；并利用第 4 章构建的 VIC-3L 水文模型得到珠江中上游流域的未来径流，据此分析变化条件下的水文响应。

第 6 章基于系统动力学模型的需水预测。本章引入社会水文学思想和系统动力学理论，首先介绍系统动力学模型的建模原理、建模步骤及参数设置等；然后，根据研究区域的情况，将用水系统分为生活需水、工业需水、农业需水三个子系统；最后，根据所建的需水预测系统动力学模型，研究各因素的内在耦合反馈关系，并利用历史数据和各地区的政府规划目标相关数据对需水预测系统动力学模型的模拟效果进行合理性验证。

第 7 章基于"三条红线"约束的城市水资源优化配置与评价。本章以柳州市为例，开展基于"三条红线"约束的城市水资源优化配置研究，详细介绍柳州市的自然地理、河流水系及社会经济情况，分析柳州市现状供水能力、供水量、用水量、水资源开发利用程度及用水效率等指标，进而确定柳州市现状水平年水资源开发利用情况，探明柳州市水资源开发利用存在的主要问题。

参 考 文 献

[1] 李峰平，章光新，董李勤. 气候变化对水循环与水资源的影响研究综述[J]. 地理科学，2013，33（4）：457-464.

[2] 曹建廷，邱冰，夏军. 1956—2010 年海河区降水变化对水资源供需影响分析[J]. 气候变化研究进展，2015，11（2）：111-114.

[3] 水利电力部水电规划设计院. 中国水资源利用[M]. 北京：水利电力出版社，1989.

[4] 陈志恺. 中国水资源的可持续利用问题[J]. 中国科技奖励，2005（1）：42-44.

[5] 夏军，张翔，韦芳良，等. 流域水系统理论及其在我国的实践[J]. 南水北调与水利科技，2018，16（1）：1-7.

[6] 王国庆. 气候变化对黄河中游水文水资源影响的关键问题研究[D]. 南京：河海大学，2006.

[7] 郑贵元，李建贵，孙伟，等. 分布式水文模型研究进展[J]. 安徽农学通报，2017，16（4）：381-382.

[8] 芮孝芳. 论流域水文模型[J]. 水利水电科技进展，2017，37（4）：1-8.

[9] 徐宗学，李景玉. 水文科学研究进展的回顾与展望[J]. 水科学进展，2010，21（4）：450-459.

[10] 芮孝芳，刘宁宁，凌哲，等. 单位线的发展及启示[J]. 水利水电科技进展，2012，32（2）：1-5.

[11] 黄膺翰，周青. 基于霍顿下渗能力曲线的流域产流计算研究[J]. 人民长江，2014（5）：16-18.

[12] 金鑫，郝振纯，张金良. 水文模型研究进展及发展方向[J]. 水土保持研究，2006（4）：197-199.

[13] FREEZE R A，HARLAN R L. Blueprint for a physically-based，digitally-simulated hydrologic response model[J]. Journal of hydrology. 1969，9（3）：237-258.

[14] MENDUNI G，RIBONI V. A physically based catchment partitioning method for hydrological analysis[J]. Hydrological processes，2000，14（11/12）：1943-1962.

[15] BATHURST J C. Physically-based distributed modelling of an upland catchment using the Systeme Hydrologique Europeen[J]. Journal of hydrology，1986，87（2）：79-102.

[16] LIANG X，XIE Z. A new surface runoff parameterization with subgrid-scale soil heterogeneity for land surface models[J]. Advances in water resources，2001，24（9）：1173-1193.

[17] 庞靖鹏，徐宗学，刘昌明. SWAT 模型中天气发生器与数据库构建及其验证[J]. 水文，2007（5）：25-30.

[18] 吴美玲，杨侃，张铖铖. 基于 KG-BP 神经网络在秦淮河洪水水位预测中的应用[J]. 水电能源科学，2019，37（2）：74-77.

[19] CHEN L，YE L，LU W，et al. Determination of input variabes for artificial neural networks for flood forecasting using Copula entropy method[J]. Journal of hydroelectric engineering，2014，33（6）：25-29.

[20] LU C，SINGH V P，GUO S，et al. Copula entropy coupled with artificial neural network for rainfall-runoff simulation[J]. Stochastic environmental research & risk assessment，2014，28（7）：1755-1767.

[21]　BOX G E P, JENKINS G M, REINSEL G C. Time series analysis: Forecasting and control[M]. 4th ed. New Jersey: Wiley, 2013: 1-746.

[22]　MALAGÒ A, EFSTATHIOU D, BOURAOUI F, et al. Regional scale hydrologic modeling of a karst-dominant geomorphology: The case study of the Island of Crete[J]. Journal of hydrology, 2016, 540: 64-81.

[23]　吴贤忠. 流域水文模型研究进展综述[J]. 农业科技与信息, 2011（2）: 40-41.

[24]　ZHAO R J, LIU X R, SINGH V P. The Xinanjiang model[J]. Computer models of watershed hydrology, 1995, 135（1）: 371-381.

[25]　朱求安, 张万昌. 新安江模型在汉江江口流域的应用及适应性分析[J]. 水资源与水工程学报, 2004, 15（3）: 19-23.

[26]　张心凤, 赖万安. 新安江水文模型在水文预报中的应用[J]. 水科学与工程技术, 2014（4）: 42-45.

[27]　李哲, 杨大文, 田富强. 基于地面雨情信息的长江三峡区间洪水预报研究[J]. 水力发电学报, 2013, 32（1）: 44-49.

[28]　李致家, 黄鹏年, 张建中, 等. 新安江-海河模型的构建与应用[J]. 河海大学学报（自然科学版）, 2013, 41（3）: 189-195.

[29]　邵成国, 姜卉芳, 田龙. 新安江模型在乌鲁木齐河径流模拟中的运用[J]. 人民长江, 2014（s1）: 15-17.

[30]　SHI P, CHEN C, SRINIVASAN R, et al. Evaluating the SWAT model for hydrological modeling in the Xixian watershed and a comparison with the XAJ model[J]. Water resources management, 2011, 25（10）: 2595-2612.

[31]　冯娇娇, 何斌, 王国利, 等. 基于 GLUE 方法的新安江模型参数不确定性研究[J]. 水电能源科学, 2019, 37（1）: 26-28.

[32]　曹虎. 基于多目标 GLUE 算法的新安江模型参数不确定性研究[J]. 黑龙江水利科技, 2018, 46（10）: 13-17.

[33]　周瑜佳, 陈一帆, 淡娇娇, 等. 基于复合形遗传算法的新安江模型参数优化率定研究[J]. 中国农村水利水电, 2018（5）: 114-118.

[34]　LI H, ZHANG Y, CHIEW F, et al. Predicting runoff in ungauged catchments by using Xinanjiang model with MODIS leaf area index[J]. Journal of hydrology, 2009, 370（1/2/3/4）: 155-162.

[35]　朱悦璐, 畅建霞. 基于气候模式与水文模型结合的渭河径流预测[J]. 西安理工大学学报, 2015, 31（4）: 400-408.

[36]　朱悦璐, 畅建霞. 基于 VIC 水文模型构建的综合干旱指数在黄河流域的应用[J]. 西北农林科技大学学报（自然科学版）, 2017, 45（2）: 203-212.

[37]　朱悦璐. 水文模型模拟的不确定性研究[D]. 西安: 西安理工大学, 2017.

[38]　陈思. VIC 大尺度陆面水文模型在无定河流域的应用研究[D]. 北京: 中国地质大学（北京）, 2018.

[39]　李亚娇, 宋佳宝, 李家科, 等. 四种典型非点源污染模型研究与应用进展[J]. 水电能源科学, 2019（3）: 21-24.

[40]　徐燕, 孙小银, 刘飞, 等. 基于 SWAT 模型的泗河流域除草剂迁移模拟[J]. 中国环境科学, 2018, 38（10）: 3959-3966.

[41]　张上化, 蒋轶锋, 王志彬. SWAT 模型在西湖流域非点源污染的模拟研究[J]. 广东化工, 2018, 45（15）: 10-13.

[42] 索立涛，万军伟，卢学伟. TOPMODEL 模型在岩溶地区的改进与应用[J]. 中国岩溶，2007（1）：67-70.

[43] 范火生. 基于栅格的分布式新安江模型在三岔河流域的洪水预报研究[J]. 中国农村水利水电，2019（2）：113-118.

[44] 朱子唯，杨侃. 半分布式新安江模型应用研究[J]. 江苏水利，2018（11）：46-52.

[45] 王加虎，袁莹，李丽，等. 用半分布式汇流结构改善新安江模型参数外推能力研究[J]. 中国农村水利水电，2016（6）：68-71.

[46] JUKIĆ D，DENIĆJUKIĆ V. Groundwater balance estimation in karst by using a conceptual rainfall-runoff model[J]. Journal of hydrology，2009，373（3）：302-315.

[47] MIMIKOU M A，BALTAS E，VARANOU E，et al. Regional impacts of climate change on water resources quantity and quality indicators[J]. Journal of hydrology，2000，234（1）：95-109.

[48] 刘昌明. 黄河流域水循环演变若干问题的研究[J]. 水利学进展，2004，15（5）：608-614.

[49] MILLY P C，WETHERALD R T，DUNNE K A，et al. Increasing risk of great floods in a changing climate[J]. Nature，2002，415（6871）：514-517.

[50] ARNELL N W. Climate change and global water resources：SRES emissions and socio-economic scenarios[J]. Global environmental change，2004，14（1）：31-52.

[51] YANG D，CHONG L，HU H，et al. Analysis of water resources variability in the Yellow River of China during the last half century using historical data[J]. Water resources research，2004，40（6）：308-322.

[52] BLÖSCHL G，ARDOIN-BARDIN S，BONELL M，et al. At what scales do climate variability and land cover change impact on flooding and low flows？[J]. Hydrological processes，2010，21（9）：1241-1247.

[53] SMITH B A，RUTHMAN T，SPARLING E，et al. A risk modeling framework to evaluate the impacts of climate change and adaptation on food and water safety[J]. Food research international，2015，68：78-85.

[54] 李志，刘文兆，张勋昌，等. 未来气候变化对黄土高原黑河流域水资源的影响[J]. 生态学报，2009，29（7）：3456-3464.

[55] CHEN J，LI X，MING Z. Simulating the impacts of climate variation and land-cover changes on basin hydrology：A case study of the Suomo basin[J]. Science in China，2005，48（9）：1501-1509.

[56] 丁相毅，贾仰文，王浩，等. 气候变化对海河流域水资源的影响及其对策[J]. 自然资源学报，2010（4）：604-613.

[57] 刘德地，陈晓宏，楼章华. 水资源需求的驱动力分析及其预测[J]. 水利水电技术，2010，41（3）：1-5.

[58] 徐宗学，刘浏，刘兆飞. 气候变化影响下的流域水循环[M]. 北京：科学出版社，2015.

[59] PHILLIPS T J，GLECKLER P J. Evaluation of continental precipitation in 20th century climate simulations：The utility of multimodel statistics[J]. Water resources research，2006，42（3）：446-455.

[60] MEHRAN A，AGHAKOUCHAK A，PHILLIPS T J. Evaluation of CMIP5 continental precipitation simulations relative to satellite-based gauge-adjusted observations[J]. Journal of geophysical research atmospheres，2014，119（4）：1695-1707.

[61] 刘卫林，熊翰林，刘丽娜，等. 基于 CMIP5 模式和 SDSM 的赣江流域未来气候变化情景预估[J]. 水土保持研究，2019，26（2）：145-152.

[62] 刘品，徐宗学，李秀萍，等. ASD 统计降尺度方法在中国东部季风区典型流域的适用性分析[J]. 水文，2013，33（4）：1-9.

[63] 魏培培,董广涛,史军,等. 华东地区极端降水动力降尺度模拟及未来预估[J]. 气候与环境研究,
　　　2019,24(1):86-104.

[64] ZHANG D F, CAO X J, ZAKEY A, et al. Effects of climate changes on dust aerosol over East Asia from
　　　Regcm3[J]. Advances in climate change research, 2016, 7(3):145-153.

[65] PRASIFKA D W. Current trends in water-supply planning: Issues, concepts, and risks[M]. New York:
　　　Van Nostrand Reinhold Company, 1988.

[66] 陈志恺,任光照. 第二次美国水资源评价报告简介[J]. 水利水电技术,1980(5):62-66.

[67] ALKHARABSHEH A, TA'ANY R. Challenges of water demand management in Jordan [J]. Water
　　　international, 2005, 30(2):210-219.

[68] 马兴冠,傅金祥,李勇. 水资源需求预测研究[J]. 沈阳建筑大学学报(自然科学版),2002,18(2):
　　　135-138.

[69] 贺丽媛,夏军,张利平. 水资源需求预测的研究现状及发展趋势[J]. 长江科学院院报,2007,24(1):
　　　61-64.

[70] 胡维邦. 水稻需水量的研究[J]. 辽宁农业科学,1960(3):33-36.

[71] 李国章. 水稻高产栽培的田间需水量与灌排技术[J]. 南方农业学报,1964(4):31-33.

[72] 钱正英,张兴斗. 中国可持续发展水资源战略研究综合报告[J]. 中国水利,2000,2(8):1-17.

[73] 孙增峰,孔彦鸿,姜立晖,等. 城市需水量预测方法及应用研究:以哈尔滨需水量预测为例[J]. 水
　　　利科技与经济,2011,17(9):60-62.

[74] 张雅君,刘全胜,冯萃敏. 多元线性回归分析在北京城市生活需水量预测中的应用[J]. 给水排水,
　　　2003,29(4):26-29.

[75] 胡惠方. 郑州市需水量驱动因子及水资源需求预测分析[D]. 郑州:郑州大学,2007.

[76] 徐锐. 水资源及其需求与趋向[J]. 人民黄河,1982(5):61-65.

[77] 陈家琦. 在变化环境中的中国水资源问题及21世纪初期供需展望[J]. 水利规划与设计,1994(4):13-19.

[78] 姚建文,徐子恺,王建生. 21世纪中叶中国需水展望[J]. 水科学进展,1999,10(2):190-194.

[79] 刘昌明,何希吾. 我国21世纪上半叶水资源需求分析[J]. 中国水利,2000(1):19-20.

[80] 李少远,曹保定. 基于时间序列分析方法的预测模型研究[J]. 河北工业大学学报,1995(3):7-11.

[81] 王立坤,刘庆华,付强. 时间序列分析法在水稻需水量预测中的应用[J]. 东北农业大学学报,2004,
　　　35(2):176-180.

[82] 龙德江. 基于主成分回归分析的城市需水量预测[J]. 水科学与工程技术,2010(1):17-19.

[83] 郭磊,黄本胜,邱静,等. 基于趋势及回归分析的珠三角城市群需水预测[J]. 水利水电技术,2017,
　　　48(1):23-28.

[84] 王煜. 灰色系统理论在需水预测中的应用[J]. 系统工程,1996(1):60-64.

[85] 张先斌. 基于混沌理论的小城镇需水量预测方法的研究[D]. 昆明:昆明理工大学,2013.

[86] 杨行峻,郑君里. 人工神经网络[M]. 北京:高等教育出版社,1992.

[87] 陈亚军,史长莹,郭靖. 基于灰色理论的城市用水量预测[J]. 黑龙江水利科技,2008,36(2):6-7.

[88] 田念. 两类灰预测模型优化方法及适用范围研究[D]. 南充:西华师范大学,2017.

[89] 吕孙云,许银山,熊莹,等. 组合预测方法在需水预测中的应用[J]. 武汉大学学报(工学版),2011,
　　　44(5):565-570.

[90] 王有娟，冯卫兵，李奥典. 基于灰色组合模型的浙江省需水量预测[J]. 水电能源科学，2015（3）：22-26.

[91] 赵宗慈. 为 IPCC 第五次评估报告提供的全球气候模式预估[J]. 气候变化研究进展，2009，5（4）：241-243.

[92] FREDERICK K D. Adapting to climate impacts on the supply and demand for water[J]. Climatic change，1997，37（1）：141-156.

[93] RUTH M，BERNIER C，JOLLANDS N，et al. Adaptation of urban water supply infrastructure to impacts from climate and socioeconomic changes：The case of Hamilton，New Zealand[J]. Water resources management，2007，21（6）：1031-1045.

[94] BOUNOUA L，SAFIA A，MASEK J，et al. Impact of urban growth on surface climate：A case study in Oran，Algeria[J]. Journal of applied meteorology & climatology，2008，48（2）：217-231.

[95] 王海锋，贺骥，庞靖鹏，等. 需水预测方法及存在问题研究[J]. 水利发展研究，2009，9（3）：19-22，24.

[96] 朱洁，王烜，李春晖，等. 系统动力学方法在水资源系统中的研究进展述评[J]. 水资源与水工程学报，2015（2）：32-39.

[97] KAABI B，AHMED B H. Assessing the effect of zooprophylaxis on zoonotic cutaneous leishmaniasis transmission：A system dynamics approach [J]. Biosystems，2013，114（3）：253-260.

[98] REVIEW B. Industrial dynamics by Jay W. Forrester[J]. Journal of the American statistical association，1962，57（298）：525.

[99] HANNA W J，HANNA J L. Urban dynamics in black Africa[M]. New York：Aldine Publishing Company，1985.

[100] FORRESTER J W，WARFIELD J N. World dynamics[J]. IEEE transactions on systems man & cybemetics，1972，2（4）：558-559.

[101] MAVROMMATI G，BITHAS K，PANAYIOTIDIS P. Operationalizing sustainability in urban coastal systems：A system dynamics analysis [J]. Water research，2013，47（20）：7235-7250.

[102] COLLINS R D，DE NEUFVILLE R，CLARO J，et al. Forest fire management to avoid unintended consequences：A case study of Portugal using system dynamics[J]. Journal of environmental management，2013，130（1）：1-9.

[103] 王其藩. 系统动力学[M]. 2 版. 北京：清华大学出版社，1994.

[104] DE WIT M，CROOKES D J. Improved decision-making on irrigation farming in arid zones using a system dynamics model [J]. South African journal of science，2013，109（11/12）：1-8.

[105] KRYSTYNA A. Dynamics of wetland development and resource management in Las Vegas Wash，Nevada[J]. Jawra journal of the American water resources association，2001，37（5）：1369-1379.

[106] AKHTAR M K，WIBE J，SIMONOVIC S P，et al. Integrated assessment model of society-biosphere-climate-economy-energy system[J]. Environmental modelling & software，2013，49：1-21.

[107] DING Z，WANG Y，ZOU P X W. An agent based environmental impact assessment of building demolition waste management：Conventional versus green management[J]. Journal of cleaner production，2016，133：1136-1153.

[108] KOTIR J H，SMITH C，BROWN G，et al. A system dynamics simulation model for sustainable water resources management and agricultural development in the Volta River Basin，Ghana[J]. Science of the total environment，2016，573：444-457.

[109] 于冷. 流域水资源模拟的系统动力学模型设计[J]. 农业技术经济，1999（6）：39-42.

[110] 陈成鲜，严广乐. 我国水资源可持续发展系统动力学模型研究[J]. 上海理工大学学报，2000，22（2）：154-159.

[111] 黄贤凤，王建华. 区域经济-资源-环境协调发展的系统动力学研究：以江苏省为例[C]//邓楠. 中国可持续发展研究会 2006 学术年会青年学者论坛专辑.北京：中国可持续发展研究会，2006：1221-1225.

[112] 李文超，田立新，贺丹. 经济-能源-环境可持续发展的系统动力学研究：以中国为例[J]. 系统科学学报，2014（3）：54-57.

[113] 李桂君，李玉龙，贾晓菁，等. 北京市水-能源-粮食可持续发展系统动力学模型构建与仿真[J]. 管理评论，2016，28（10）：11-26.

第2章 研究区域概况

珠江素有"三江并流,八口入海"之称,是我国南方最大的河系。珠江多年平均年径流量为 $3385 \times 10^8 \ m^3$,居全国江河水系的第二位,仅次于长江。珠江发源于云贵高原乌蒙山系马雄山,流经我国云南省、贵州省、广西壮族自治区、广东省、湖南省、江西省六个省(自治区)和越南北部,全长 2214 km,流域在我国境内占地 $44.21 \times 10^4 \ km^2$;珠江河系支流众多、水道纷纭,先后流经虎门、蕉门、洪奇门(沥)、横门、磨刀门、鸡啼门、虎跳门和崖门八大口门,最后流入南海。

珠江流域内有广西壮族自治区、云南省、贵州省、江西省、湖南省、广东省六省(自治区)及香港特别行政区、澳门特别行政区的 63 个州、市,自然条件优越,资源丰富。流域地处亚热带,北回归线横贯流域的中部,气候温和多雨,多年平均温度为 14~22 ℃,多年平均降雨量为 1200~2200 mm,流域河川径流充沛,水资源丰富,但年际变化显著,时空分布不均,流域洪、涝、旱、咸等自然灾害较为频繁。

本章简要介绍珠江流域的自然地理特点、河流水系特征、地质地貌和土壤植被分布情况及其气象水文特征、水资源开发利用特点与社会经济状况。

2.1 自 然 地 理

2.1.1 地理位置

珠江是我国第二大河流,地处东经 102°14′~115°53′,北纬 21°31′~26°49′,其源头位于云贵高原马雄山,流经我国广西壮族自治区、云南省、贵州省、江西省、湖南省、广东省六个省(自治区)和越南北部,总流域面积达 $45.37 \times 10^4 \ km^2$,在我国内陆的面积达 $44.21 \times 10^4 \ km^2$,占比 97.4%。

2.1.2 河流水系

珠江流域从上游至下游可大致划分为南盘江、红水河、黔江、浔江、西江、北江、东江、珠江三角洲,包括北盘江、柳江、郁江、桂江、贺江、韩江、粤西沿海诸河等多条支流[1],图 2-1 为珠江流域河网水系图。

西江水系是珠江流域最主要的水系,包括南盘江、红水河、黔江、浔江、西江等大型河流,以及北盘江、柳江、郁江、桂江、贺江等支流。西江水系全长 2075 km,从云南省马雄山东麓到广东省三水市思贤滘,面积约为 $35.81 \times 10^4 \ km^2$,占珠江流域总面积的 78.9%。西江水系的具体特征如表 2-1 所示。

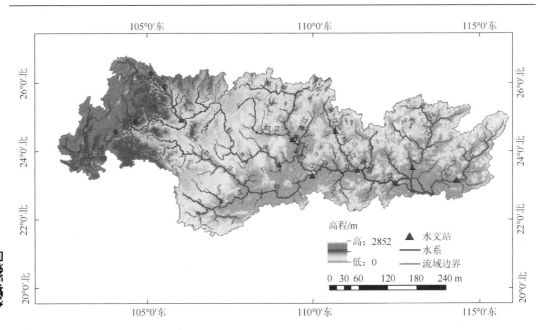

图 2-1　珠江流域河网水系图

表 2-1　西江水系干支流特征

干支流	起止地点		面积/(10^4 km^2)	河长/km	比降/%
	起始地	终止地			
南盘江	云南省马雄山	贵州省蔗香乡双江口	5.69	914	0.580
北盘江	马雄山西北麓	贵州省蔗香乡双江口	2.66	444	2.800
红水河	贵州省蔗香乡双江口	广西壮族自治区石龙镇三江口	13.83	659	0.360
柳江	贵州省独山县	广西壮族自治区石龙镇三江口	5.83	751	1.700
黔江	广西壮族自治区石龙镇三江口	广西壮族自治区桂平市郁江口	19.89	122	0.065
郁江	云南省广南县九龙山	广西壮族自治区桂平市郁江口	8.99	1179	0.330
浔江	广西壮族自治区桂平市郁江口	广西壮族自治区梧州市	30.92	182	0.097
西江	广西壮族自治区梧州市	广东省三水市思贤滘	35.12	208	0.086
桂江	广西壮族自治区兴安县猫儿山	广西壮族自治区梧州市	18.79	438	0.430
贺江	广西壮族自治区富川瑶族自治县蛮子岭	广东省封开县江口镇	11.59	338	0.580

　　北江源于江西省石碣镇大茅山，途经湖南省、江西省和广东省，在三水市思贤滘与西江汇合后注入珠江三角洲河区，河长 468 km，面积为 $4.67×10^4$ km^2，占珠江流域总面积的 10.3%，主要支流有武江、连江和绥江。

　　东江源于江西省寻乌县的桠髻钵山，由北向南流入广东省，随后在东莞市石龙镇汇入珠江三角洲河区，河长 520 km，面积为 $2.70×10^4$ km^2，占珠江流域总面积的 6.0%，主要支流有新丰江、西枝江。

　　珠江三角洲是由西江和北江思贤滘以下、东江石龙镇以下的网河水系，以及其他河流组成的复合三角洲，河网密集，纵横交错。主干河道长 294 km，面积为 2.68×10^4 km^2，约占珠江流域面积的 5.9%，汇入珠江三角洲的中小河流有流溪河、潭江、增江和深圳河等。

珠江流域所处的云贵高原还有较大的高原湖泊，均位于云南省境内的南盘江流域，主要有抚仙湖、阳宗海、星云湖、杞麓湖、异龙湖、大屯海和长桥海等，湖泊总面积达 2406 km^2，库容达 202.5×10^8 m^3，多年平均来水量为 5.23×10^8 m^3。

本书的研究区域为珠江中上游流域，即西江流域梧州水文站以上流域。根据《珠江区及红河水资源综合规划》对珠江中上游流域的水资源进行分区，如表 2-2 所示。梧州市被称为"广西东大门"和西江航运干线核心，位于桂江、西江总汇之处，不仅是广西壮族自治区重要的商埠和全国重要的内河港口之一，而且是广西壮族自治区的重点防洪城市之一，还是广西壮族自治区内的不可或缺的供水取水地。因此，梧州市水资源的治理、开发、保护及合理配置对整个珠江流域具有重要的战略意义。然而，梧州市的整体御洪能力不足，城市内涝给人民带来了严重的经济和精神损失，并且伴随着高速发展的社会经济和日益严峻的环境变化，其水资源矛盾日益突出。在此背景下，准确预测西江流域的未来水资源情势对于城市防洪及供水取水均至关重要。

表 2-2　珠江中上游流域水资源分区表

水资源一级区	研究区域	水资源二级区	水资源三级区	涉及地区
珠江	梧州市断面	南北盘江	南盘江、北盘江	我国广西壮族自治区、云南省
		红柳江	红水河、柳江	我国广西壮族自治区
		郁江	右江、左江及郁江干流	我国广西壮族自治区、云南省，越南谅山
		西江	桂贺江、黔浔江及西江（梧州市以下）	我国广西壮族自治区

2.1.3　地貌地质

珠江流域发源于云贵高原，地势由西北向东南趋于平坦；流域内主要有山地、丘陵和平原三种地形，前两者面积占据流域总面积的 94.4%。流域东边分水岭的最高海拔在乌蒙山，南边分水岭以由云南省云岭、贵州省苗岭山脉、广西壮族自治区大瑶山脉—大桂山脉和广东省九连山等组成的南岭为界限，流域内中部多为山地与丘陵地貌，夹杂少量平原。珠江流域拥有长江流域以南最大的平原——珠江三角洲平原，约占流域内平原面积的 80%。

珠江流域受四川省—云南省纵向构造带、南岭东西复杂构造带、云南省—缅甸歹字形构造带、云开大山华夏系隆起及散而小的其他构造影响，地质情况错综复杂，包括三叠纪、寒武纪、泥盆纪时代形成的多种复杂形貌。西江上游南盘江、北盘江的地层主要为中生界三叠系和古生界，中游红水河与黔江主要为盆地丘陵，出露地层为石炭系和三叠系，西江水系下游的浔江和西江主要是小山丘盆地，多出露下古生界。北江主要是中低山丘陵区，北江主干流上游地层主要是新生界和中生界，中下游多为第四系河床冲积层。珠江三角洲与北江下游地层相似，主要地层为第四系，地形以河流冲积平原为主，其边缘地区多为不同时期的侵入花岗岩及多种沉积岩，出露地层多为下震旦统[2]。

岩溶地貌广泛分布于珠江流域，岩性主要为碳酸盐岩。图 2-2 为珠江流域碳酸盐岩分布图。由图 2-2 可以看出，珠江流域石灰岩占比 39.89%，石灰质白云岩占比 23.45%。岩溶地貌主要分布在西江上游南盘江、北盘江流域，中游红水河流域和郁江流域，下游主支流桂江的上游漓江流域，以及北江上游武江、连江流域。南盘江、北盘江流域碳酸盐层面积占总集水区面积的 57.5%，又处云贵高原，因此岩溶地貌发育完全，多石林、峰丛、溶洼和落水洞发育。岩溶面积占红水河流域总面积的 61.1%，多为灰岩发育，夹杂着少量白云质灰岩和不纯灰岩。郁江流域多为小山丘和丘陵地貌，岩溶发育也较为广泛，主要是石灰岩。

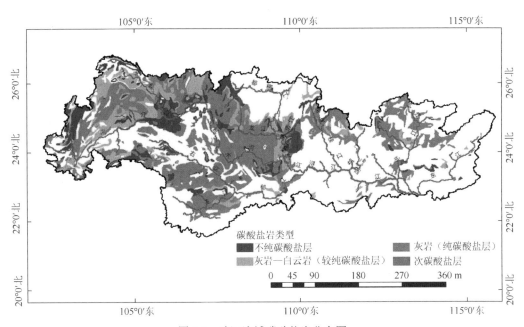

图 2-2　珠江流域碳酸盐岩分布图

漓江流域位于桂江流域的上游区域，其地貌的发育主要由地质构造和气候控制，该区域地表出露的岩层主要为碳酸盐岩，流域气候由漫长的湿热气候控制，因此在漓江流域形成了以碳酸盐岩为主的峰丛峰林热带岩溶地貌景观和以非碳酸盐岩为基本构成的典型岩溶地貌形态，岩溶面积占漓江流域的 40%左右。北江上游位于粤桂中低山丘陵区，较为零散分布着灰岩与白云质灰岩。

2.1.4　土壤植被

珠江流域的土壤类型主要有红壤土、黄壤土、石灰土、砂质黏壤土等，它们的分布呈一定的地区规律。我国南部亚热带的代表性土壤是砖红壤和砖红壤性红壤，它们多分布于郁江流域的横县以下、柳江流域的柳城县及广东省西部和广西壮族自治区南部；红壤土是亚热带和潮湿热带的代表性土壤之一，多分布在云贵高原低海拔的河谷或盆地；黄壤土是湿润的亚热带代表性土壤之一，主要分布在广西壮族自治区西北部海拔 600 m 以上的高原地区；石灰土的分布与灰岩的分布相似，由图 2-2 可知，石灰土在流域内广为分布，尤其在西江流域的中上游和桂江上游及北江上游分布较广，在广西壮族自治区的桂林市、柳州市、南宁市、百色市及广东省的连州市、英德市和云南省、贵州省等地形成了独特的石灰岩山地[3]。

珠江流域植被覆盖面积占流域面积的 51.4%。珠江流域上游地处南部亚热带，原生植被为常绿阔叶林和常绿阔叶林混交林；南盘江、北盘江以上地区的主要植被为松林和长绿栎类林；红水河流域与南盘江、北盘江下游地区主要是落叶栎林，以栓皮栎、白栎为主；西江中游盆地植被分江南和江北两部分，江北属亚热带常绿阔叶林带，江南属亚热带常绿季雨林带；珠江三角洲属于亚热带气候，亚热带常绿阔叶林和亚热带季雨林主要生长于流域丘陵与平原地带，山地植被包括中亚热带山地植被及南亚热带山地植被；珠江河口地区有少量红树林夹杂分布。

2.2　气象水文

2.2.1　气候气象

珠江流域位于湿热多雨的热带和亚热带季风气候区，气候温和宜人，多年平均气温为 14～22 ℃，年际变化不明显，是我国年平均温差最小的地区之一；受东南、西南两种季风的影响，气温由西北向东南逐渐降低，且区域分布层次明显。图 2-3 是珠江流域多年平均气温空间分布图（1968～2005 年），南盘江、北盘江流域地处云贵高原，最低气温多为 11～17 ℃；红水河、柳江、桂江上游流域气温分布在 17.1～19.1 ℃；红水河、柳江、桂江、贺江、北江中游流域气温分布在 19.1～20 ℃；红水河下游、黔江、郁江、浔江、西江、北江中下游、东江、珠江三角洲区域气温为全流域最高，分布在 20.1～23.1 ℃。

珠江流域降雨充沛，多年平均降雨量为 1400～2200 mm，在时间上，年内、年际分布不均，丰水期（4～9 月）降雨量占全年降雨量的 70%～85%；在空间上，地区分布差异变化大，且由西向东逐步递增。图 2-4 为珠江流域多年平均降雨量空间分布图（1968～2005 年）。由图 2-4 可以看出，受地形、地貌、气流等因素影响，流域内形成了部分降雨量高、低极值区；南盘江上游多年平均降雨量最小，降雨量为 840～1100 mm，远低于流域平均水平；北盘江、红水河、右江上游流域降雨量为 1111～1350 mm；南盘江下游、北盘江中游、红水河中下游、郁江绝大部分流域及西江流域多年平均降雨量为 1351～1550 mm；黔江、浔江、桂江、北江和东江的上游区域降雨量为 1551～1770 mm；珠江三角洲流域、北江和东江的中下游地区降雨量最多，为 1701～2500 mm。

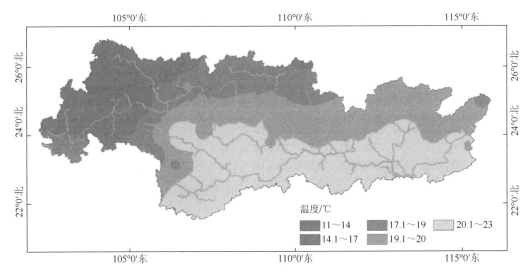

图 2-3 珠江流域多年平均气温空间分布图

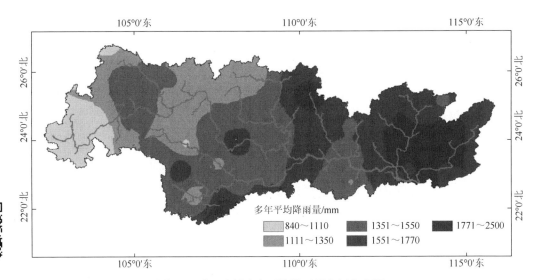

图 2-4 珠江流域多年平均降雨量空间分布图

2.2.2 水文特征

作为中国第二大河流，珠江流域水资源量充沛，多年平均径流总量达 $3385×10^8\,m^3$（包括地下径流量），其中西江流域占 78.5%，北江流域占 10.3%，东江流域占 6.0%，珠江三角洲占 5.2%。珠江流域径流量年内分配极其不均，汛期（4~9 月）径流量占全年流量的 78%，枯水期（10 月~次年 3 月）约占 22%。

珠江流域汛期的天气系统以锋面雨、静止锋、热带低压和台风为主，降雨量大，强度高，一次暴雨历时 7 天左右，且强降雨集中在 3 天。流域洪水一般与暴雨同步，珠江流域洪水特征为峰高、量大、历时长，大洪水多发生在 6 月、7 月，洪水起止时间一般为 10~60 天，洪峰历时 1~3 天。

2.3　水资源开发利用

珠江流域地表水资源总量充沛，扣除生态需水、航道需水、不可利用水之后，可利用量大约在 $759.9 \times 10^8 \, m^3$（不含港澳地区）。珠江流域内无发电任务的蓄水工程的总调节库容约为 $256 \times 10^8 \, m^3$，加上大型纯发电水库后总调节库容达到 $473 \times 10^8 \, m^3$，但仍然仅占地表水资源量的 7.6% 和 14.0%，导致流域内水资源的开发利用率低于全国平均水平。

珠江流域现有蓄水工程 9.65 万处（不含纯发电工程，不含港澳地区），引水工程 16 万处，提水工程 4.5 万处，跨流域调水工程 4 处，地下水开采井 14 万眼，污水处理再利用工程 24 处，集雨工程 75.7 万处，海水直接利用工程 9 处。

地表水是珠江中上游地区供水的主要来源，占总供水量的 96.4%，供水河流为南盘江、北盘江、红水河、郁江和西江等。珠江中上游地区以农业用水为主，占总用水量的 60% 以上；近年来，珠江流域城镇化快速推进，生活用水和工业用水量也呈逐年上升趋势，但受水资源年内分配不均和水质性污染（资源性缺水、工程性缺水和水质性缺水）等因素的影响，水资源供需矛盾日益严峻[4]。

2.4　社 会 经 济

2008 年相关资料统计显示，除去香港特别行政区、澳门特别行政区的人口，珠江流域人口达 11 723 万人，涉及汉族、壮族、苗族等 50 多个民族，其中农村人口占全流域人口的 47.6%，城市人口占全流域人口的 52.4%，其中广西壮族自治区、广东省人口占绝大多数，约占总人口的 81.1%，云南省、贵州省人口占总人口的 17.6%，湖南省、江西省最少，仅占总人口的 1.3%，平均人口密度约为 265 人/km²（我国平均人口密度为 143 人/km²）。珠江流域人口空间分布极不均匀，总体从西向东、从北到南增加，西边为高原地区，交通不便，经济、农业欠发达，人口密度远低于全国平均水平，而东部和南部地区经济发达，人口密度远大于全国平均水平。

改革开放以来，珠江流域经济飞快发展，国民生活水平显著提高，但是区域性贫富差距依然很严重，经济发展极不平衡，欠发达区域超过全流域面积的 90%。珠江三角洲地区是我国改革开放以来最早的经济试验特区，现在已经成为我国的经济中心之一，但是西部高原山区如云南省、贵州省等地，经济仍增长缓慢，交通、教育和医疗资源相对落后。2008 年珠江流域地区生产总值达 38 954 亿元，约占全国生产总值的 13%，其中近一半的地区生产总值由珠江三角洲区域提供。珠江流域工业生产增加值占全国同期的 13.9%，人均是全国的 1.6 倍；人均生产总值是全国人均生产总值的 1.5 倍，而珠江三角洲达到全国人均的 2.8 倍。

珠江流域自然资源丰富，流域土地资源有 6 万多亩①，耕地面积位居全国平均水平，但因西部山地居多、东部人口密集，导致人均耕地只有全国水平的 67%，有效灌溉面积

---

① 1 亩≈666.7 m²。

仅为全国平均水平的 80%[5]。珠江流域粮食以水稻为主，以玉米、土豆等为辅，经济作物主要是香蕉、甘蔗、黄麻等，尤其是甘蔗在广西壮族自治区产量高、品质好，受到全国的欢迎，珠江流域的糖产量几乎达到全国的一半。

　　珠江流域是我国交通运输发达的地区之一，有着完整的水运、陆运、空运运输体系。其中，水运主要以西江航运干线，珠江三角洲、北江、东江等高级航道为骨干；陆运主要包括公路网和铁路网，大量铁路、高速公路线路贯穿流域；在广州市、深圳市、梧州市等重要城市都设有机场，基本形成以核心城市为节点的航线网络。

参 考 文 献

[1]　谌洁. 珠江流域诸水系的形成与演变[J]. 水利发展研究，2008（4）：75-76.

[2]　黄家雄，林天健. 珠江流域岩溶地下水基本特征（调查研究报告）[J]. 人民珠江，1983（6）：12-15.

[3]　魏秀国. 珠江流域河流碳通量与流域侵蚀研究[D]. 广州：中国科学院研究生院（广州地球化学研究所），2003.

[4]　任文举. 水资源紧缺危机对我国企业的影响及对策研究[J]. 水利经济，2006，24（3）：68-70.

[5]　梁春艳. 珠江-西江流域生态补偿法律问题研究[J]. 广西社会科学，2018（1）：112-116.

第3章　岩溶地区的概念式水文模型

珠江流域岩溶地貌分布广泛，多裂隙节理、落水洞、石林、峰丛、地下暗河等地质特征，导致含水介质的强烈非均质性，其产流-汇流机制不同于其他流域。由于岩溶地区岩溶面积与非岩溶面积总是交叉存在，垂直上裂隙或落水洞较为发育，地表水与地下水之间联系紧密，地下多岩溶管道发育，地下水蒸发量减少，汇流速度加快，土壤对径流的调节能力大大减弱，洪水过程线常出现猛增、缓退的现象。由于岩溶地貌区的特殊产汇流机制，传统新安江水文模型无法准确反映其水文特性，为此，开展岩溶地貌区的水文预报研究具有重要的现实意义。

针对岩溶地貌产汇流特征，程根伟[1]等提出了岩溶水库模型，可有效提高岩溶地貌区域径流的模拟精度，岩溶-新安江水文模型（以下简称 K-XAJ 水文模型）是传统新安江水文模型与岩溶水库模型的有效结合体。本章围绕岩溶地区水文预报，分别采用 K-XAJ 水文模型与传统新安江水文模型对平乐、桂林、恭城三个水文站的流量进行模拟，采用多目标混合复杂差分进化（multi-objective shuffled complex differential evolution，MOSCDE）优化算法对模型参数进行率定，最后通过纳什效率系数（NSE）、洪峰相对误差（RPE）、均方根误差（RMSE）和洪量合格率（QR）等评价指标分析模型的模拟精度。

3.1　新安江水文模型简述

新安江水文模型是由河海大学 Zhao 等[2]提出的概念式水文模型，该模型已经广泛用于我国包括黄河、长江、淮河等各大流域。现阶段应用最广泛的是三水源新安江水文模型，模型输入为流域面均降雨量、蒸发量，输出为流域出口断面流量。模型主要由四个模块构成：蒸发模块、产流模块、水源划分模块和汇流模块。

1. 蒸发模块

三水源新安江水文模型采用三层蒸发模式计算实际蒸发量，它将土壤分为上层、下层和深层三层，三层土壤的实际含水量分别为 W_U、W_L 和 W_D，蓄水容量分别为 U_M、L_M 和 D_M。实际蒸发量（E）等于上层土壤蒸发量（E_U）、下层土壤蒸发量（E_L）和深层土壤蒸发量（E_D）之和。E_U 以潜在蒸发能力进行蒸发；当上层含水量不够蒸发时，开始下层土壤水蒸发，E_L 的蒸发速率等于潜在蒸发能力与 W_L/L_M 之积；当上、下两层土壤无法满足蒸发需求时，E_D 开始蒸发，其速度为潜在蒸发能力与深层蒸散发折算系数（C）之积。

2. 产流模块

三水源新安江水文模型将流域下垫面划分为透水面积与不透水面积。不透水面积上的径流量（R_b）等于降雨量；透水面积上的降雨采用蓄满产流方式，即只有当土壤含水量达到饱和时才产流，产流量等于土壤水达到饱和后的降雨量。显然，产流面积是计算产流的关键所在，但由于土壤初始水量空间分布不均，产流面积与产流时间和量级往往不同步。因此，三水源新安江水文模型引入蓄水容量曲线对产流量进行计算，其中参数 B_1 是抛物线的指数项。

3. 水源划分模块

三水源新安江水文模型利用一个自由蓄水库将总径流量细分为地表径流（R_S）、壤中流（R_I）和地下水径流（R_G）三种水源。S_M 代表了表层土壤的自由水蓄水容量，K_I、K_G 分别为自由蓄水库对壤中流和地下水径流的出流系数。由于坡面饱和径流产区的不断变化，整个区域的自由水蓄水容量往往是不均衡的。三水源新安江水文模型采用自由水量分布曲线刻画水容量的不均匀性，参数 E_X 代表了自由水蓄水容量曲线指数。

4. 汇流模块

模型中汇流分为坡地汇流、河网汇流和河道汇流三部分。其中，坡地汇流中地表径流采用单位线法或线性水库法计算汇流；壤中流与地下水径流均以线性水库法计算汇流，C_I、C_G 分别表示壤中流和地下水径流的衰退系数[3-4]。河网汇流采用线性水库法或滞后演算法计算汇流，C_S 代表河网蓄水的消退系数。河道汇流采用马斯京根法演算汇流。

三水源新安江水文模型结构图见图 3-1，水文模型参数表见表 3-1。

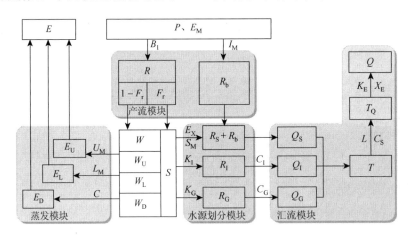

图 3-1　三水源新安江水文模型结构图

P 为实测降雨量；E_M 为蒸发能力；R 为透水面积产流；F_r 为产流面积比例；W 为张力水；S 为表层自由水；Q_S 为地表径流流量；Q_I 为壤中流流量；Q_G 为地下水径流流量；Q 为流域出口断面流量；T_Q 为单元面积出流；L 为滞后量；T 为河网总入流

表 3-1　水文模型参数表

参数	物理意义	K-XAJ 水文模型	新安江水文模型
U_M/mm	上层土壤蓄水容量	19.79	20.00
L_M/mm	下层土壤蓄水容量	82.08	75.73
D_M/mm	深层土壤蓄水容量	52.80	10.00
B_1	蓄水容量曲线指数	0.40	0.39
I_M	不透水面积占流域面积的比例	0.04	0.03
K	蒸散发折算系数	0.78	0.84

续表

参数	物理意义	K-XAJ 水文模型	新安江水文模型
C	深层蒸散发折算系数	0.20	0.20
S_M/mm	表层土壤的自由水蓄水容量	35.59	32.42
E_X	自由水蓄水容量曲线指数	1.40	1.10
K_I	自由蓄水库对壤中流的出流系数	0.25	0.20
K_G	自由蓄水库对地下水径流的出流系数	0.45	0.43
C_I	壤中流的衰退系数	0.99	0.63
C_G	地下水径流的衰退系数	0.80	0.95
C_S	河网蓄水的消退系数	0.24	0.24
K_E	马斯京根法演算参数（槽蓄曲线的坡度）	0.12	0.10
X_E	马斯京根法演算参数（流量比重系数）	0.01	0.01
K_M/mm	岩溶水库的蓄水能力	39.25	—
H_K/mm	流量门槛值	30.00	—
I_K	岩溶面积占流域面积的比例	0.41	—
K_{KB}	岩溶水蓄水库对直接岩溶水的出流系数	0.45	—
K_{KG}	岩溶水蓄水库对岩溶地下径流的出流系数	0.15	—
C_K	直接岩溶水的衰退系数	0.96	—

3.2　K-XAJ 水文模型结构

岩溶地貌主要是灰岩被含有 CO_2 的水溶蚀、侵蚀形成的。前期基岩被溶蚀，内部裂缝裂隙、石芽、漏斗、溶沟等不断发育；随时间的推移，溶蚀越发显著，裂隙不断扩大，逐步在崎岖的地表形成落水洞、溶蚀洼地、峰林等岩溶地貌，在地下逐渐形成岩溶管道、溶洞、石钟乳等地貌，岩溶地貌结构剖面示意图如图 3-2 所示。由于其特殊的地质结构，岩溶地貌具有以下水文特点：岩溶地区岩溶面积与非岩溶面积总是交叉存在的；岩溶地貌多岩石出露，表层土壤植被较少，使得土壤对径流的调节能力大大减弱；岩溶地貌在垂直方向多裂隙或落水洞等发育，使得地表水与地下水之间联系紧密甚至直接互通；在水平方向，地下多岩溶管道发育，使得地下水蒸发量减少，汇流速度加快，另外地下湖或溶洞的存在，使得洪水过程线常出现猛增、缓退的现象。

3.2.1　岩溶区域上产汇流

为了提高对岩溶地貌区域径流模拟的精度，程根伟[1]提出了一个反映岩溶地貌水文特点的岩溶水库模型，该模型包括一个岩溶水蓄水库（V_1）和一个岩溶水调节水库（V_2）。该模型结构图与相关参数分别如图 3-3 和表 3-1 所示。每一个水库都反映流域的物理实体。水库 V_1 代表整个岩溶区域，主要将径流划分为三种水源：快速岩溶地表径流（R_{KS}）、直接岩溶水（R_{KB}）、岩溶地下径流（R_{KG}）。图 3-2 描述了每一种水源在岩溶地貌的形成

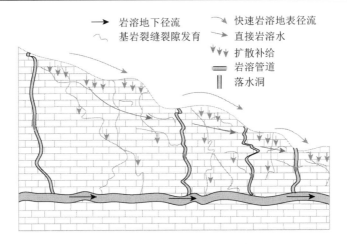

扫一扫 看彩图

图 3-2 岩溶地貌及流量过程示意图

过程，R_{KS} 代表基岩表面产生的地表径流，R_{KB} 代表表层基岩裂隙网格或土壤中形成的横向水流，R_{KG} 代表地下岩溶管道中的流量。V_2 为表层岩溶（最顶层基岩），用于对直接岩溶水进行调蓄出流，水库 V_3 是传统新安江水文模型的线性水库，主要用于对整个流域的地下水（$R_G + R_{KG}$）进行调节输出。

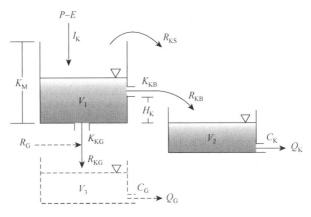

图 3-3 岩溶水库模型结构图

Q_K 为直接岩溶水流量

岩溶水蓄水库 V_1 的水量平衡公式为

$$S_K = P - E + S_{K0} - R_{KS} - R_{KB} - R_{KG} \tag{3-1}$$

式中：S_{K0} 为水库初始含水量；S_K 为水库的实际储水量。

岩溶水库以降雨量与蒸发量的差值（$P-E$）作为水库 V_1 的输入，当 V_1 的蓄水量 S_K 大于其蓄水容量 K_M 时，多余水量将会形成快速岩溶地表径流 R_{KS}，若未达到 K_M，则不产生 R_{KS}；V_1 剩下的蓄水容量以出流系数 K_{KB} 和 K_{KG} 分别出流，形成直接岩溶水 R_{KB} 和岩溶地下径流 R_{KG}。但因为岩溶地貌基岩表层多垂直裂隙、横向裂隙和落水洞发育，所以岩溶系统有着很强的下渗能力，当岩溶水的蓄水量很小时，岩溶水只能以地下径流的形式排出。

因此，设置反映岩溶垂直节理发育程度的参数 H_K，只有当 S_K 超过 H_K 时，才会产生直接岩溶水 R_{KB}。R_{KS}、R_{KB} 和 R_{KG} 的计算公式如下：

$$R_{KS} = \begin{cases} S_K - K_M, & S_K \geqslant K_M \\ 0, & S_K < K_M \end{cases} \tag{3-2}$$

$$R_{KB} = \begin{cases} K_{KB} \times K_M, & S_K \geqslant K_M \\ K_{KB} \times (S_K - H_K), & H_K \leqslant S_K < K_M \\ 0, & S_K < H_K \end{cases} \tag{3-3}$$

$$R_{KG} = K_{KG} \times S_K, \quad S_K \geqslant 0 \tag{3-4}$$

式中：K_{KB} 为岩溶水蓄水库对直接岩溶水的出流系数；K_{KG} 为岩溶水蓄水库对岩溶地下径流的出流系数。

3.2.2　非岩溶区域上产汇流

流域内非岩溶区域的产流仍然利用新安江水文模型产汇流方式：不透水区域降雨扣除蒸发直接形成径流（R_b）；透水区域采用前述蒸发模块、产流模块、水源划分模块和汇流模块对地表径流（R_S）、壤中流（R_I）和地下水径流（R_G）进行计算。

3.2.3　岩溶与非岩溶区域产汇流结合

K-XAJ 水文模型是传统新安江水文模型与岩溶水库模型的有效结合体，该组合模型的结构示意图见图 3-4。考虑到以岩溶为主导的地区是岩溶区域与非岩溶区域交替分布的，K-XAJ 水文模型设置了面积比例参数 I_K 来表示整个流域岩溶区的权重。基于面积比例参数 I_K，K-XAJ 水文模型能较好地同时捕捉岩溶区与非岩溶区的产流特征。

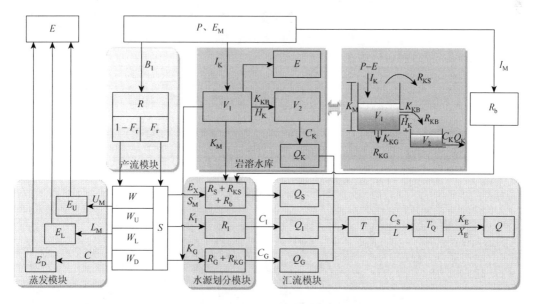

图 3-4　K-XAJ 水文模型结构示意图

在 K-XAJ 水文模型中，将新安江水文模型中的地表径流（R_S）、不透水地面产流（R_b）及岩溶水库模型中的快速岩溶地表径流（R_{KS}）三者求和，即得到流域总地表径流流量（Q_S）；将新安江水文模型中的地下水径流（R_G）与岩溶水库模型中的岩溶地下径流（R_{KG}）求和，即得到流域地下水总径流，通过新安江水文模型的地下水线性水库调节得到流域地下水径流流量（Q_G）。由于岩溶区域与非岩溶区域的壤中流（直接岩溶水）产流的物理机制存在很大差异，R_I 和 R_{KB} 分别利用新安江水文模型中的壤中流调节线性水库和岩溶水调节水库（V_2）进行调节，即可得到流域壤中流流量（Q_I）和直接岩溶水流量（Q_K）。Q_S、Q_I、Q_K、Q_G 的计算公式如下：

$$Q_S = (R_S + R_b + R_{KS}) \times U \tag{3-5}$$

$$Q_I = Q_{I0} \times C_I + R_G \times (1 - C_I) \times U \tag{3-6}$$

$$Q_K = Q_{K0} \times C_K + R_{KB} \times (1 - C_K) \times U \tag{3-7}$$

$$Q_G = Q_{G0} \times C_G + (R_G + R_{KG}) \times (1 - C_G) \times U \tag{3-8}$$

式中：Q_{I0}、Q_{K0}、Q_{G0} 分别为上一时段壤中流、直接岩溶水、地下水径流的流量；C_I、C_K、C_G 分别为壤中流、直接岩溶水、地下水径流的衰退系数；U 为单位转化系数。

3.3 模型参数率定与评价指标

3.3.1 模型参数率定方法

模型参数率定是水文模型应用的核心环节，参数质量将直接影响水文模型模拟的精度。传统的参数率定通常采用遗传算法[5]、粒子群算法[6]、单纯多边形进化法[7]等单目标算法，很难准确描述洪水特征。因此，本节采用 MOSCDE 优化算法[8]，该优化算法集成了单纯多边形进化法和差分进化算法的全局搜索能力，相对单目标算法能更有效地对相关信息进行捕捉，显著增大了收敛速度，卢韦伟[9]给出了 MOSCDE 优化算法的具体步骤。

本节参考水文情报规范，针对洪水特点（洪峰、洪量、洪水过程线），选择以洪量误差、纳什效率系数、洪峰相对误差三者为目标函数对模型参数进行率定。目标函数公式定义如下。

1）洪量误差

$$\mathrm{Obj}_1 = \left| \sum_{i=1}^{n}(Q_{\mathrm{obs},i} - Q_{\mathrm{sim},i}) \right| \bigg/ \left(\sum_{i=1}^{n} Q_{\mathrm{obs},i} \right) \tag{3-9}$$

2）纳什效率系数

$$\mathrm{Obj}_2 = 1 - \left[\sum_{i=1}^{n}(Q_{\mathrm{obs},i} - Q_{\mathrm{sim},i})^2 \right] \bigg/ \left[\sum_{i=1}^{n}(Q_{\mathrm{obs},i} - \bar{Q}_{\mathrm{obs}})^2 \right] \tag{3-10a}$$

$$\mathrm{Obj}_2 = 1 - \mathrm{NSE} \tag{3-10b}$$

3）洪峰相对误差

$$\text{Obj}_3 = \frac{1}{N}\left|\sum_{i=1}^{N}\left(\frac{Q'_{\text{obs},i} - Q'_{\text{sim},i}}{Q'_{\text{obs},i}}\right)\right| \tag{3-11}$$

式中：$Q_{\text{obs},i}$ 为 i 时刻的实测流量值；$Q_{\text{sim},i}$ 为 i 时刻的模拟流量值；$\bar{Q}_{\text{obs}}$ 为实测流量序列的平均值；$Q'_{\text{obs},i}$ 为 i 时刻的实测洪峰流量值；$Q'_{\text{sim},i}$ 为 i 时刻的模拟洪峰流量值；n 为序列长度；N 为洪水事件个数。

3.3.2　模型评价指标

选择纳什效率系数（NSE）、洪峰相对误差（RPE）、均方根误差（RMSE）和洪量合格率（QR）四个指标对 K-XAJ 水文模型进行评价，各指标定义如下。

（1）纳什效率系数的计算公式见式（3-10a）。

（2）洪峰相对误差的计算公式见式（3-11）。

（3）均方根误差的计算公式为

$$\text{RMSE} = \sqrt{\frac{1}{n}\sum_{i=1}^{n}(Q_{\text{sim},i} - \bar{Q}_{\text{obs}})^2} \tag{3-12}$$

（4）洪量合格率的计算公式为

$$\text{QR} = \frac{\sum\limits_{i=1}^{N}\text{num}_i}{N}\times100\% \tag{3-13a}$$

$$\text{num}_i = \begin{cases} 1, & \text{RAE}_i \leqslant \varepsilon \\ 0, & \text{其他} \end{cases}, \quad \text{RAE}_i = \frac{|Q_{\text{obs},i} - Q_{\text{sim},i}|}{Q_{\text{obs},i}} \tag{3-13b}$$

式中：RAE_i 为 i 时刻的相对误差；ε 为门槛参数，根据《水文情报预报规范》（GB/T 22482—2008）设置为 20%，当 RAE_i 小于 ε 时，认为该洪水模拟合格。

3.4　模 型 应 用

本章以桂江上游的漓江流域为研究对象，漓江流域概况图见图 3-5，流域内分布着 5 个水文站与 4 个气象站，其中平乐水文站为整个漓江流域的水文控制站，桂林水文站、恭城水文站分别是漓江支流流域的水文控制站，三个流域的岩溶面积比例分别设置为 40%、10%和 35%。本章分别利用 K-XAJ 水文模型与新安江水文模型对平乐水文站、桂林水文站、恭城水文站三个水文站的流量进行模拟，采用 MOSCDE 优化算法对模型参数进行率定，并通过相关评价指标分析两个模型的模拟效果。研究所用降雨与蒸发数据均来自中期气象数据网，选择用 2001～2007 年的数据，其中 2001～2005 年为率定期，2006～2007 年为验证期；水文站流量数据均来自当地水文局，而且数据长度、分期均与气象数据保持一致。

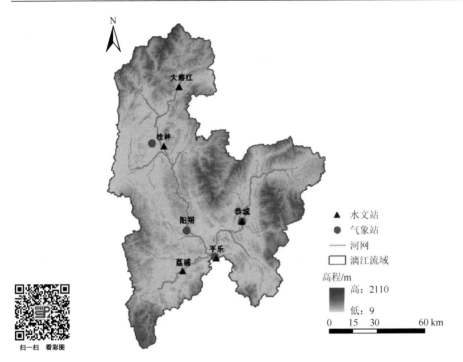

图 3-5 漓江流域概况图

3.5 模拟结果与讨论

3.5.1 K-XAJ 水文模型模拟结果

将 K-XAJ 水文模型用于漓江流域（平乐水文站）的洪水模拟，参数率定结果见表 3-1，实测流量与模拟流量过程见图 3-6。采用 NSE、RPE、RMSE 和 QR 等性能指标对模拟结果进行评价，计算结果见表 3-2。可以看出，模型验证期的模拟结果中，NSE 为 90.4%，RPE 为 18.3%，RMSE 为 298，QR 为 98.5%。进一步，运用离散洪水事件对模型性能进行评价。本节设定 3000 m^3/s 为洪水事件选择的门槛值，当洪峰流量超过此阈值时，认为该流量过程为一次洪水事件。据此从 7 年内共选出 13 次洪水事件，其中 8 次为率定期，5 次为验证期。进一步，计算了各场洪水的纳什效率系数、洪峰相对误差和洪量合格率，并以率定期和验证期各场次洪水的性能指标的平均值作为最终值，详细结果见表 3-2。可以看出，K-XAJ 水文模型在验证期洪水事件模拟的 NSE、RPE、QR 分别为 89.4%、19% 和 100%。综上，K-XAJ 水文模型能很好地反映漓江流域的产汇流特征，并对其流量过程进行有效模拟。

3.5.2 两种模型的参数与模拟效果评估

1. 两种模型评价指标比较

本节同时采用 K-XAJ 水文模型和新安江水文模型对平乐水文站流量进行模拟，两模

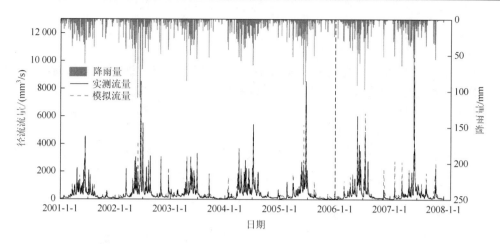

图 3-6　K-XAJ 水文模型模拟流量过程图（2001～2007 年）

表 3-2　K-XAJ 水文模型与新安江水文模型性能指标对比表

模型		日径流系列				洪水事件		
		NSE/%	RMSE	RPE/%	QR/%	NSE/%	RPE/%	QR/%
K-XAJ 水文模型	率定期	85.7	296	12	93.7	90.7	11.2	100
	验证期	90.4	298	18.3	98.5	89.4	19	100
新安江水文模型	率定期	84.8	303	13.8	91.7	89.2	12.2	87.5
	验证期	89.4	314	22.7	97.9	86.5	23	80

型的性能评价指标结果均见表 3-2。结果表明，无论是率定期还是验证期，K-XAJ 水文模型的模拟效果都更优。图 3-7 为两种模型对 2002 年某场次洪水进行模拟的流量过程图，可以看出新安江水文模型在洪峰时刻的模拟值大于实测值，而 K-XAJ 水文模型模拟的洪水过程则与实测流量吻合得更好。

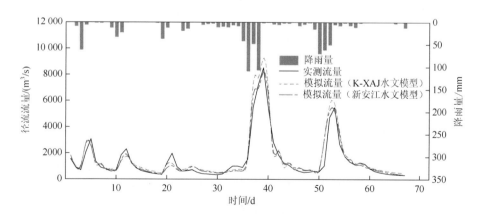

图 3-7　K-XAJ 水文模型与新安江水文模型模拟的 2002 年某场次洪水流量过程图

2. 两种模型参数对比

本小节采用 MOSCDE 优化算法对 K-XAJ 水文模型与新安江水文模型进行参数率定，传统新安江水文模型共有 16 个参数，其中敏感参数有 7 个（K、S_M、K_G、K_I、C_G、C_I 和 C_S），不敏感参数有 9 个，分别为 U_M、L_M、D_M、B_1、I_M、C、E_X、K_E 和 X_E。K-XAJ 水文模型在此基础上新增 6 个参数，其中敏感参数为 I_K、K_{KG}、K_{KB} 和 C_K，不敏感参数为 H_K 和 K_M。敏感参数的波动变化会对模型的模拟效果产生显著的影响；相反，不敏感参数的波动变化对模拟结果产生微弱影响。表 3-1 给出了 K-XAJ 水文模型与新安江水文模型的参数率定结果。可以看出：敏感参数中 C_I 与 C_G 有着较明显的波动，相对于新安江水文模型，C_I 增大，C_G 减小，即壤中流的衰退系数增大，地下水径流的衰退系数减小；由线性水库汇流公式式（3-6）和式（3-8）可知，此时壤中流汇流量减少，而地下水径流的汇流量增多，符合岩溶地区的汇流特征。

3. 不同流域水文模型模拟效果与参数分析

本小节利用 K-XAJ 水文模型与新安江水文模型对恭城水文站与桂林水文站两个水文站的流量进行模拟，两个子流域的岩溶面积比例分别为 10% 和 35%，其率定期与验证期的结果均见表 3-3。可以看出：无论是率定期还是验证期，恭城水文站 K-XAJ 水文模型的模拟效果强于新安江水文模型的模拟效果；但在桂林水文站，K-XAJ 水文模型的 NSE 指标仅略强于新安江水文模型，差距甚微。因此，随着岩溶面积比例的增大，K-XAJ 水文模型的模拟效果更优；相反，岩溶面积占比较少的流域，两种模型的性能表现没有显示出明显的差异。

表 3-3　K-XAJ 水文模型与新安江水文模型在不同岩溶面积比例的流域中的性能指标对比

模型		恭城水文站				桂林水文站			
		NSE/%	RMSE	RPE/%	QR/%	NSE/%	RMSE	RPE/%	QR/%
K-XAJ 水文模型	率定期	85.9	66	14	97.3	84.9	110	16.8	93.9
	验证期	87.7	62	13.9	94.8	86.4	71	21.5	84.9
新安江水文模型	率定期	84.9	68	16.3	95.6	84.8	111	16.2	95.2
	验证期	85.4	65	17.1	92.6	84.7	82	20.8	82.7

表 3-4 给出了 K-XAJ 水文模型与新安江水文模型对桂林水文站、恭城水文站、平乐水文站三个水文站流量模拟的敏感参数率定值，三个流域的岩溶面积比例依次增大。其中，参数 K 是流域蒸散发折算系数，它与流域气温及蒸发数据测量方式相关，因此它的变化没有明显的规律。参数 I_K 反映的是岩溶面积比例的变化，三个流域参数 I_K 的率定值分别为 7%、37% 和 41%，这与流域实际观测的岩溶面积比例值（10%、35%、40%）很接近，验证了方法的合理性。K_I 与 K_{KB} 分别是壤中流和直接岩溶水的出流系数，随着岩溶面积比例的增大，壤中流和直接岩溶水会减少，因此其参数值也会减小；K_G、K_{KG} 分别是地下水径流和岩溶地下径流的出流系数，随着岩溶面积的增大，总地下径流将会增多，因此其

参数值也会增加；C_G 是地下水径流的衰退系数，岩溶面积越大，地下水消退越快，其值越小。C_I、C_S 分别是壤中流的衰退系数和河网蓄水的消退系数，当岩溶面积增大时，壤中流减少，地表水流增多，此时 C_I 增大，C_S 减小。综上，K-XAJ 水文模型可以很好地反映岩溶地区的水文特征。

表 3-4　K-XAJ 水文模型与新安江水文模型敏感参数对比表

参数	桂林水文站		恭城水文站		平乐水文站	
	K-XAJ 水文模型	新安江水文模型	K-XAJ 水文模型	新安江水文模型	K-XAJ 水文模型	新安江水文模型
K	0.40	0.40	0.40	0.73	0.78	0.84
K_I	0.35	0.36	0.28	0.30	0.25	0.20
K_G	0.37	0.37	0.44	0.43	0.45	0.43
C_I	0.80	0.82	0.98	0.80	0.99	0.63
C_G	0.98	0.98	0.82	0.90	0.80	0.95
C_S	0.50	0.48	0.48	0.34	0.24	0.24
I_K	0.07	—	0.37	—	0.41	—
K_{KB}	0.60	—	0.59	—	0.45	—
K_{KG}	0.09	—	0.10	—	0.15	—

4. 两种模型各水源模拟比较

本小节选取 K-XAJ 水文模型与新安江水文模型模拟的 2003 年多场洪水过程，将其按水源划分为地表径流过程（图 3-8）、壤中流过程（图 3-9）、地下水径流过程（图 3-10），并对径流过程进行详细分析。

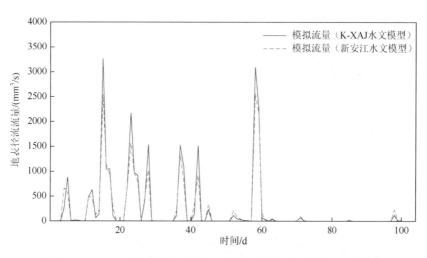

图 3-8　K-XAJ 水文模型与新安江水文模型模拟的地表径流过程图

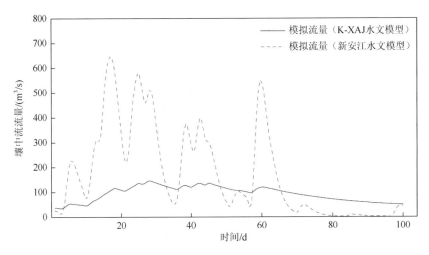

图 3-9　K-XAJ 水文模型与新安江水文模型模拟的壤中流过程图

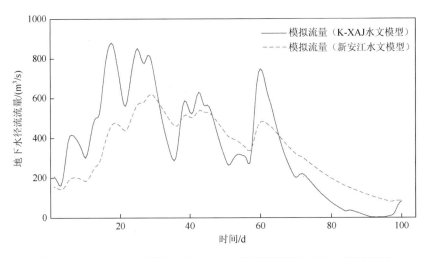

图 3-10　K-XAJ 水文模型与新安江水文模型模拟的地下水径流过程图

图 3-8 表明，K-XAJ 水文模型的地表径流流量在峰值附近显著高于新安江水文模型。这是因为岩溶地区在遭遇强降雨时，土壤层薄、蒸发减少，扣除蒸发后的降雨直接汇入岩溶水库，当岩溶水库蓄水量 S_K 大于蓄水容量 K_M 时，将形成快速岩溶水并汇于地表径流，洪水峰值迅速增大。图 3-9 表明，K-XAJ 水文模型模拟的壤中流相对于新安江水文模型明显减少。这是因为岩溶地区多基岩裸露，土层浅薄，土壤层难以对降雨进行时空再分配，导致土壤需水量减少，壤中流也大大减少。图 3-10 表明：K-XAJ 水文模型模拟的地下水产汇流总量比新安江水文模型有所增加；在降雨初期，地下水产汇流速度更快，总量更大；在后期，地下水消退速度更快。岩溶地区垂直节理和孔道发达，地面与地下往往相通，初期雨水可迅速下渗到地下，形成地下水流；地下多管道、溶洞发育，为地下水存储提供了丰富空间；相对于非岩溶区，地下管道、暗河、溶洞的发育导致地下水消退速度增加。

5. 两种模型退水阶段模拟比较

图 3-11 给出了 2003 年内两种模型模拟的退水过程图,从图中虚线框可以看出,K-XAJ 水文模型的退水速度比新安江水文模型更快,更符合实测洪水流量过程。原因如下：一方面,岩溶地区地表水产汇流增多,壤中流减少,洪水退水时间减少;另一方面,岩溶地区岩溶管道、溶洞、暗河等构造导致地下水的退水速度加快。

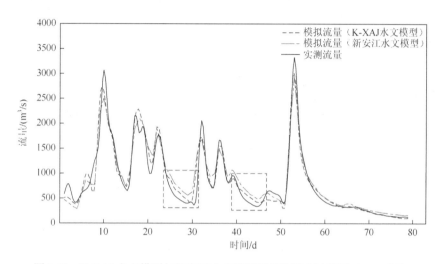

图 3-11　K-XAJ 水文模型与新安江水文模型模拟的退水过程图（2003 年）

3.5.3　小结

本章将 K-XAJ 水文模型与新安江水文模型用于三个不同的典型岩溶区域来模拟流量过程,采用多目标算法对模型参数进行率定。结果表明,K-XAJ 水文模型可以反映岩溶地区的水文特征,且其效果与岩溶面积比例呈正相关关系。进一步,对两种模型模拟的三水源流量值与退水过程分别进行分析,得到以下结论：K-XAJ 水文模型相对于传统新安江水文模型,从性能指标上看总体模拟效果有所提高,地表水汇流量在峰值处更大,壤中流大大减少,导致地下水产汇流总量增加,初期地下水产汇流速度更快,后期地下水消退速度更快,退水过程更快且更接近实测。综上,该模型提高了对岩溶流域径流的模拟精度,为其他流域提供了有益参考,也为概念式水文模型与岩溶模型的结合提供了新思路。

参 考 文 献

[1]　程根伟. 新安江岩溶水文模型[J]. 水电能源科学, 1991（2）：139-144.

[2]　ZHAO R J, LIU X R, SINGH V P. The Xinanjiang model[J]. Computer models of watershed hydrology, 1980, 135（1）：371-381.

[3]　MOORE R J, COLE S J, BELL V A. Issues in flood forecasting: Ungauged basins, extreme floods and

uncertainty[J]. CAB Direct，2006，305：103-122.

[4]　LU M，XIAO L. Time scale dependent sensitivities of the XinAnJiang model parameters[J]. Hydrological research letters，2014，8：51-56.

[5]　SAMPSON，JEFFREY R. Adaptation in natural and artificial systems (John H. Holland)[J]. Siam review，1976，18（3）：53.

[6]　SAMMUT C，WEBB G I. Encyclopedia of machine learning[M]//KENNEDY J. Particle swarm optimization. New York：Springer，2010：760-766.

[7]　DUAN Q，SOROOSHIAN S，GUPTA V. Effective and efficient global optimization for conceptual rainfall-runoff models[J]. Water resources research，1992，28（4）：1015-1031.

[8]　GUO J. A novel multi-objective shuffled complex differential evolution algorithm with application to hydrological model parameter optimization[J]. Water resources management，2013，27（8）：2923-2946.

[9]　卢韦伟. 柘溪流域短期水文预报方法研究[D]. 武汉：华中科技大学，2016.

第4章 大尺度分布式水文模型在珠江中上游流域的应用

集总式水文模型结构简单，数据需求量少，参数物理意义明确，广泛应用于水文资料短缺的流域，但是，此类模型将流域作为一个整体进行模拟，将空间分散的降雨输入当成模型的集总输入，与流域分散输入、集总输出的径流形成实际状况不符。为解决此问题，分布式水文模型应运而生，运用分布式水文模型不仅能够得到流域出口断面的水文计算结果，而且能够精细描述流域局部的水文变化过程。20 世纪 90 年代，华盛顿大学、普林斯顿大学和加利福尼亚大学伯克利分校的学者提出了一种大尺度陆面分布式水文模型——VIC 水文模型，该模型能够同时进行流域陆—气间能量平衡和水量平衡计算，可有效弥补传统陆面模式在描述热量过程中的不足，并综合考虑了蓄满产流和超渗产流机制及土壤性质的次网格空间变异性，模拟效果较好，在水文理论研究和实践中具有重要意义。

本章以珠江中上游流域为研究对象，基于数字高程模型（digital elevation model，DEM）高程数据、土壤植被数据和历史气象数据，对梧州水文站、迁江水文站、贵港水文站、柳州水文站四个水文站分别搭建了大尺度分布式 VIC-3L 水文模型，利用坐标轮换法对模型参数进行率定，并采用多种评价指标对模型日尺度、月尺度的径流模拟结果进行评估。

4.1 VIC-3L 水文模型简述

VIC 水文模型是由华盛顿大学、普林斯顿大学和加利福尼亚大学伯克利分校的学者基于 Arnell[1]的思想共同提出的大尺度陆面分布式水文模型。VIC 水文模型可同时模拟能量平衡和水量平衡，有效弥补了传统模型在能量模拟方面的短板。最初，VIC 水文模型设置了两层土壤（上层和下层），称为 VIC-2L 水文模型；为更充分考虑土壤水的动态变化特征，后期逐步将土壤上层分离出一个顶薄层，从而成为三层土壤，此时 VIC 水文模型称为 VIC-3L 水文模型[2]。VIC-3L 水文模型采用了 Liang 等[3]、Xu 等[4]研发的耦合蓄满产流和超渗产流的地表径流机制，能够有效考虑不同网格的土壤性质对产流的影响。VIC-3L 水文模型示意图见图 4-1。

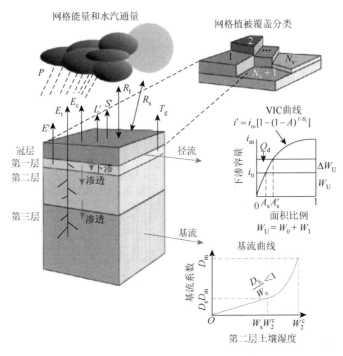

图 4-1　VIC-3L 水文模型示意图

P 为实现降雨量；E' 为土壤层蒸发；E_c 为地表截留蒸发；E_t 为蒸散发；L' 为侧向热通量；S' 为感热通量；R_1 为长波辐射；R_s 为短波辐射；T_g 为地表热通量；Q_d 为地表流量；W_U 为降雨前的土壤水；ΔW_U 为 λ 渗到土壤的总水量；W_0 为 A 为 0 时对应的土壤水量；W_1 为 A 为 1 时对应的土壤水量

4.2　VIC-3L 水文模型原理及特点

VIC 水文模型之所以被称为大尺度陆面分布式水文模型：一是因为它多用于面积高达上万平方千米的大中型流域；二是因为它考虑了植被、土壤、大气等复杂要素之间的各种转化关系，通过采用空气动力学理论表征多种热通量，可同时模拟得到植被蒸腾、土壤蒸发、冠层蒸发、积融雪、土壤冻融等复杂要素，从而较全面地刻画出各种水源的转移路径过程。VIC 水文模型为分布式水文模型，它根据预设分辨率将流域划分为若干个相互独立的网格，每个网格都有各自的土壤、植被参数及气象数据，可以逐步计算各个网格的蒸发量与流量，再通过汇流模型将其转换为流域出口断面的蒸发和流量过程。本节主要介绍模型的蒸散发计算、产流计算和汇流计算。

4.2.1　模型蒸散发计算

VIC-3L 水文模型需要将流域网格化，如图 4-2 所示，图 4-2 的左侧为以网格为单位的植被土壤纵向分层示意图，VIC-2L 水文模型中将土壤分成上、下两层，VIC-3L 水文模型将土壤分为三层，位于顶薄层上方的是冠层，它代表网格内土壤表面植被的覆盖情况。如图 4-2 右侧所示，假设土壤表面有 N_v 种植被，则流域有 N_v+1 种覆盖类型，第 N_v+1 种为裸土类型。网格内的每种植被都有叶面积指数、反照率等属性信息。各网格蒸发量包

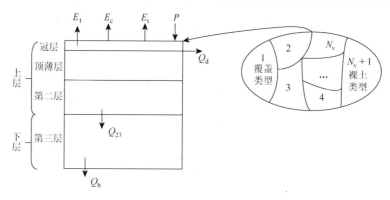

图 4-2　VIC-3L 水文模型垂直与水平特性概化图

Q_{23} 为土壤层 2 至土壤层 3 的渗透量；Q_{b} 为基流流量

括植被蒸腾、植被截留蒸发及土壤蒸发，将各种植被和裸地面积占网格面积的比例作为权重加权平均计算得到蒸发总量[5]。地表截留蒸发（E_{c}）又称冠层湿部蒸发，它受植被截留能力和截留量，以及风速、大气压强等因素综合影响。最大截留蒸发量可由下式计算：

$$E_{\text{c}}^{*} = \left(\frac{W_{\text{i}}}{W_{\text{im}}}\right)^{\frac{2}{3}} \frac{r_{\text{w}}}{r_{\text{w}} + r_0} E_{\text{p}} \tag{4-1}$$

式中：W_{i}、W_{im} 分别为冠层的截留总量和最大截留量；E_{p} 为地表蒸发潜力；r_{w}、r_0 分别为空气动力学阻抗和地表蒸发阻抗；指数项 2/3 为根据 Deardorff[6]确定的指数。

实际地表截留蒸发可由最大截留蒸发量乘以比例系数 K_{f} 求得，计算公式为

$$E_{\text{c}} = E_{\text{f}} \cdot E_{\text{c}}^{*} = \min\left\{1, \frac{W_{\text{i}} + P \cdot \Delta t}{E_{\text{c}}^{*} \cdot \Delta t}\right\} \cdot \left[\left(\frac{W_{\text{i}}}{W_{\text{im}}}\right)^{\frac{2}{3}} \frac{r_{\text{w}}}{r_{\text{w}} + r_0} E_{\text{p}}\right] \tag{4-2}$$

式中：P 为实现降雨量；Δt 为计算时间步长。

蒸散发（E_{t}）与植被种类有关，每种植被的蒸散发量与所在层的蒸发潜力及多种性质的阻抗有关。植被蒸散发量计算公式如下：

$$E_{\text{t}} = (1 - K_{\text{f}}) \frac{r_{\text{w}}}{r_{\text{w}} + r_0 + r_{\text{c}}} E_{\text{p}} + K_{\text{f}} \cdot \left[1 - \left(\frac{W_{\text{i}}}{W_{\text{im}}}\right)^{\frac{2}{3}}\right] \frac{r_{\text{w}}}{r_{\text{w}} + r_0 + r_{\text{c}}} E_{\text{p}} \tag{4-3}$$

式中：r_{c} 为叶面气孔阻抗，它由叶面积指数（LAI）、最小叶面气孔阻抗（$r_{0\text{c}}$）、土壤湿度压力系数（g_{sm}）求得，计算公式为

$$r_{\text{c}} = \frac{r_{0\text{c}} g_{\text{sm}}}{\text{LAI}} \tag{4-4}$$

裸土的蒸发（E_{l}）可分为潜在蒸发（E_{p}）和实际蒸发（E_{g}），这里与冠层截留蒸发类似，两者通过中间函数相连，其关系如下：当土壤含水量充足时，实际蒸发等于潜在蒸发；当土壤含水量处于非充足状态时，土壤实际蒸发等于 βE_{p}，β 为反映土壤含水量与裸土蒸发关系的中间函数。

裸土蒸发模型借鉴了新安江水文模型的蓄水容量曲线思想，引入了蓄水能力分布曲线，其公式如下：

$$i' = i_m[1 - (1 - A)^{1/B_1}] \qquad (4-5)$$

式中：i'、i_m 分别为蓄水能力和最大蓄水能力；B_1 为蓄水容量曲线指数；A 为面积比例参数。

裸土蒸发的计算公式[7]为

$$E_1 = E_p \left\{ \int_0^{A_s} \mathrm{d}A + \int_0^{A_s} \frac{i_0}{i_m[1 - (1 - A)^{1/B_1}]} \mathrm{d}A \right\} \qquad (4-6)$$

式中：A_s 为裸土水分饱和面积比例；i_0 为某一点的蓄水能力。当 $A_s = 1$ 时，$E_1 = E_p$。

4.2.2　模型产流计算

Liang 等[3]2001 年在 VIC-3L 水文模型中考虑了网格土壤的空间变异特性，并采用了兼顾蓄满产流和超渗产流的新型产流方式，采用了反映土壤蓄水能力空间分布的蓄水能力分布曲线，其公式见式（4-5）。新型产流方案中的蓄满产流（R_1）主要发生在流域饱和面积、计算时段内转化为饱和状态的土壤面积；另外，超渗产流（R_2）将会发生在面积 $1 - A_s$ 上。

依据土壤蓄水能力分布曲线的思想，各网格入渗能力的空间变化采用下式描述：

$$f = f_m[1 - (1 - K_C)^{1/B'}] \qquad (4-7)$$

式中：f 为入渗能力；f_m 为最大入渗能力；K_C 为入渗能力小于或等于 f 的面积比例；B' 为入渗能力形状参数[7]。

根据式（4-5）和式（4-7），结合水量平衡规律，可以推出 P、R_1、R_2 与 ΔW_U 之间的关系，为

$$P = R_1(y) + R_2(y) + \Delta W_U(y) \qquad (4-8)$$

$$y = R_1(y) + \Delta W_U(y) \qquad (4-9)$$

式中：y 为图 4-3（a）中的垂直深度。

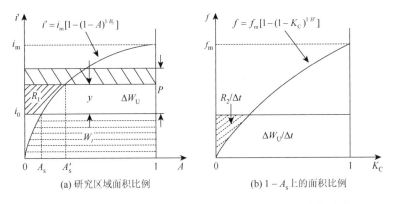

图 4-3　上层土壤蓄水能力与超渗产流中入渗能力的空间分布

ΔW_U 为入渗到土壤的总水量；W_t 为 t 时刻土壤含水量

此时，R_1 和 ΔW_U 可分别表示为

$$R_1(y) = \begin{cases} y - \dfrac{i_m}{b+1}\left[\left(1 - \dfrac{i_0}{i_m}\right)^{b+1} - \left(1 - \dfrac{i_0+y}{i_m}\right)^{b+1}\right], & 0 \leqslant y \leqslant i_m - i_0 \\ R_1(y)\big|_{y=i_m-i_0} + y - (i_m - i_0), & i_m - i_0 < y \leqslant P \end{cases} \quad (4\text{-}10)$$

和

$$\Delta W_U(y) = \begin{cases} \dfrac{i_m}{b+1}\left[\left(1 - \dfrac{i_0}{i_m}\right)^{b+1} - \left(1 - \dfrac{i_0+y}{i_m}\right)^{b+1}\right], & 0 \leqslant y \leqslant i_m - i_0 \\ i_m - i_0 - R_1(y), & i_m - i_0 < y \leqslant P \end{cases} \quad (4\text{-}11)$$

式中：b 为常数，反映了流域包气带蓄水容量分布的不均匀性，b 越小表示越均匀，b 越大表示越不均匀；i_0 为图 4-3（a）中与土壤含水量 W_t 对应的点的土壤蓄水能力。

R_2 的值是通过式（4-7）得到的，其数值大小应该等于图 4-3（b）的 R_2，由图 4-3（b）中时段长度 Δt 乘以阴影部分面积获得。另外，图 4-3（a）、（b）中的入渗至上层土壤的总水量（ΔW_U）应该相等。因此，可根据式（4-7）的引入得到水量输入率 W_p 与超渗产流 R_2 的计算公式：

$$W_p = \frac{P - R_1(y)}{\Delta t} \quad (4\text{-}12)$$

$$R_2(y) = \begin{cases} P - R_1(y) - \dfrac{f_m}{B'+1}\Delta t\left\{1 - \left[1 - \dfrac{P - R_1(y)}{f_m \Delta t}\right]^{B'+1}\right\}, & \dfrac{P - R_1(y)}{f_m \Delta t} \leqslant 1 \\ P - R_1(y) - \dfrac{f_m}{B'+1}\Delta t, & \dfrac{P - R_1(y)}{f_m \Delta t} > 1 \end{cases} \quad (4\text{-}13)$$

因此，地表径流总量 $R_S = R_1 + R_2$。

基流被认为仅产生在下层土壤，VIC-3L 水文模型中引用了阿尔诺河模型[8]对基流进行模拟，其原理是运用 Richards 方程模拟纵向土壤水的运动，利用达西定律描述水汽通量在不同层土壤间的运动，基流由以下公式计算：

$$R_b = \begin{cases} \dfrac{D_s D_m}{W_s W_2^c} W_2^-, & 0 \leqslant W_2^- < W_s W_2^c \\ \dfrac{D_s D_m}{W_s W_2^c} W_2^- + \left(D_m - \dfrac{D_s D_m}{W_s}\right)\left(\dfrac{W_2^- - W_s W_2^c}{W_2^c - W_s W_2^c}\right)^2, & W_2^- \geqslant W_s W_2^c \end{cases} \quad (4\text{-}14)$$

式中：R_b、D_m 分别为基流和最大基流；D_s 为 D_m 的比值系数；W_2^c 为下层土壤的最大含水量；W_s 为 W_2^c 的比例系数；W_2^- 为下层土壤的初始水分含量。

4.2.3　模型汇流计算

图 4-4 为 VIC-3L 水文模型采用的汇流模型[2]过程图，该模型假设各网格产流都可能流向该网格周围 8 个网格中的任意一个（D8 算法），且地表直接径流与基流具有相同的流

向，同时采用单位线法模拟坡面汇流过程，所得径流汇入河流系统后逐步到达流域出口，在此过程中，采用线性圣维南方程组模拟河道汇流过程。

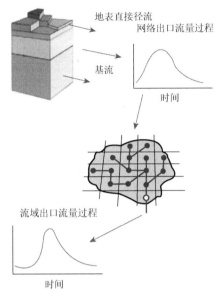

图 4-4　VIC-3L 水文模型汇流模型过程图

4.3　VIC-3L 水文模型建模

本章以 VIC-3L 水文模型为陆面水文模型来模拟珠江中上游流域的径流过程。在综合考虑流域面积、土地利用及植被覆盖等因素后，采用 0.25°×0.25°分辨率的网格将流域划分为 512 个网格，分别对梧州水文站、柳州水文站、贵港水文站等进行径流模拟。从图 4-5 可见，VIC-3L 水文模型包括网格数据、气象驱动数据，覆盖数据、土壤数据、植被数据等众多数据库资料。

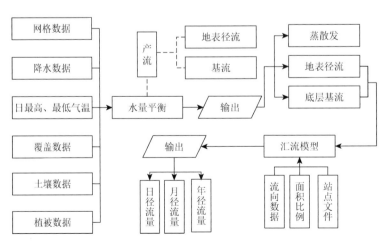

图 4-5　VIC-3L 水文模型建模流程示意图

4.3.1 子流域划分及网格划分

1. 河网生成及流域边界提取

珠江流域梧州断面以上区域位于东经 102°13′~112°15′，北纬 21°32′~26°48′，本节从地理空间数据云官网下载分辨率为 30 m 的数字高程数据，并利用 ArcGIS 将众多数字高程数据合并为一个矩形的高程栅格数据；为防止数字高程数据精度影响河网的生成，利用填洼工具对栅格进行处理，然后使用流向工具得到水流流向，再通过流量工具、栅格计算器对河网进行分级；在河网上以梧州水文站为研究区域控制站，用捕捉倾泻点工具对控制站进行捕捉，基于倾泻点与河网流向使用水文分析中的分水岭工具得到珠江流域边界，再利用裁剪工具将数字高程数据提取到梧州断面以上区域；将迁江水文站、柳州水文站、贵港水文站、平乐水文站四个水文站作为控制断面，将研究区域划分为红水河、柳江、郁江、桂江四个子流域，具体如图 4-6 所示。

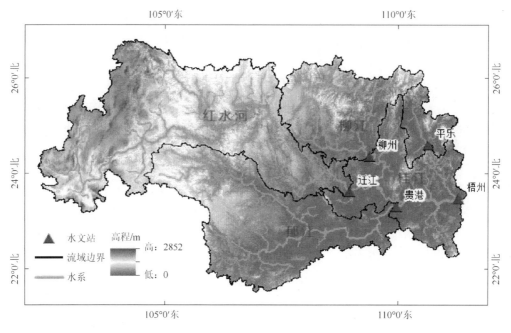

图 4-6 研究区域概况图

2. 网格划分

利用 ArcGIS 将研究区域划分为 0.25°×0.25° 的网格，并按照从左到右、从上至下的顺序对网格进行编号，以便与其他数据库进行索引交互，最终得到 512 个网格，具体见图 4-7。

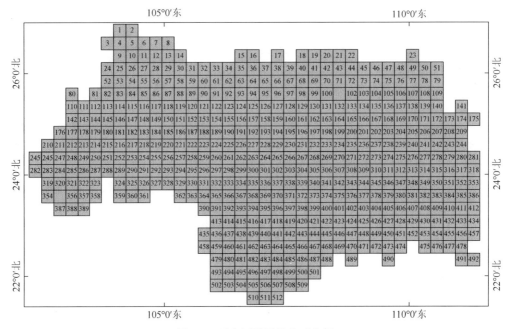

图 4-7　研究区域网格化示意图

4.3.2　土壤数据

作为 VIC-3L 水文模型的重要参数之一，土壤参数种类复杂、确定方式多样，故主要采用 GIS 图层、查表、率定相结合的方法来确定。联合国粮食及农业组织（Food and Agriculture Organization of the United Nations，FAO）土壤分类 GIS 图将土壤分为了上、下两层，不满足 VIC-3L 水文模型三层土壤的要求。为此，根据已有研究[5, 9-10]，土壤顶薄层采用上层土壤数据，第二、三层采用下层土壤数据；研究区域上、下层土壤类型分布见图 4-8，图 4-8（a）为上层土壤，其主要土壤类型为黏壤土；图 4-8（b）为下层土壤，其主要土壤类型为黏土。主要考虑了 53 个土壤参数（包括同一种参数分三层），详细信息见表 4-1，表 4-1 中的 46 个参数为土壤性质参数，可以通过查表或者简单计算、提取确定，另外 7 个参数需要通过优化算法求得。

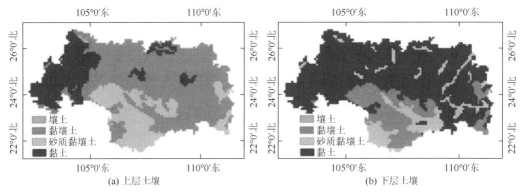

　　　　　　(a) 上层土壤　　　　　　　　　　　　　　　　(b) 下层土壤

图 4-8　研究区域土壤类型分布

扫一扫　看彩图

表 4-1　土壤参数文件注释

编号	文件中土壤参数	描述	层次	单位
1	Run_cell	网格的序号	1	—
2	Gridcel	1 表示运行；0 表示不运行	1	—
3	Lat	纬度	1	(°)
4	Lon	经度	1	(°)
5	Infilt	蓄水容量曲线指数（B_1）	1	—
6	Ds	非线性基流因子	1	—
7	Dsmax	基流最大流速	1	mm/d
8	Ws	非线性基流产生时，最大土壤含水量因子	1	—
9	C	下渗曲线指数	1	—
10~12	Expt	饱和水力传导度变化率	3	—
13~15	Ksat	饱和水力传导度	3	mm/d
16~18	Phi_s	土壤水扩散系数	3	—
19~21	Init_moist	土壤层初始含水量	3	mm
22	Elev	网格高程	1	m
23~25	Depth	土壤层深度	3	m
26	Avg-T	土壤平均气温	1	℃
27	Dp	土壤热阻尼深度	1	m
28~30	Bubble	土壤气压	3	m
31~33	Quartz	石英质含量	3	—
34~36	Bulk_density	土壤容积密度	3	kg/m³
37~39	Soil_density	土壤总体密度	3	kg/m³
40	Off_gmt	偏离格林尼治时间	1	H
41~43	Wcr_fract	临界点（70%）土壤含水量	3	mm
44~46	Wpwp_fract	凋萎点土壤含水量	3	mm
47	Rough	土壤表面糙度	1	m
48	Snow_rough	雪面地表糙度	1	m
49	Annual_prec	多年平均年降雨量	1	mm
50~52	Resid_moist	土壤层中残留水量	3	mm
53	Fs_active	1 表示激活冻土算法；0 表示土壤温度为零的计算	1	—

根据土壤的成分特性如砂质、粉质等将土壤分为 12 种，分别用数字 1~12 依次表示，每种土壤均有唯一与之对应的性质参数，这些参数包括土壤孔隙率（θ_s）、汽包压力（Bub）、石英质含量（Qua）、饱和水力传导度（Ksa）、饱和水力传导度变化率（Exp）、土壤密度（S_d）、临界含水量（Wc_f）、凋萎含水量（Wp_f）、残留含水量（R_m）。土壤分类及详细参数值如表 4-2 所示。

表 4-2　土壤分类及详细参数值

编号	土壤类别	θ_s	Bub/m	Qua	Ksa /(mm/d)	Exp	S_d /(kg/m³)	Wc_f	Wp_f	R_m
1	砂土	0.44	0.07	0.95	9218	11.2	1490	0.08	0.03	0.02
2	壤质砂土	0.43	0.04	0.85	2635	10.98	1520	0.15	0.06	0.04
3	砂壤土	0.42	0.14	0.69	1257	12.68	1570	0.21	0.09	0.04
4	粉质壤土	0.47	0.76	0.19	950.4	10.58	1420	0.32	0.12	0.02
5	粉土	0.52	0.76	0.05	2061.6	9.1	1280	0.28	0.08	0.03
6	壤土	0.45	0.35	0.41	472	13.6	1490	0.29	0.14	0.07
7	砂质黏壤土	0.40	0.14	0.61	576	20.32	1600	0.27	0.17	0.04
8	粉质黏壤土	0.49	0.62	0.09	1096	17.96	1380	0.36	0.21	0.08
9	黏壤土	0.47	0.26	0.3	424.8	19.04	1430	0.34	0.21	0.08
10	砂质黏土	0.42	0.1	0.5	285.6	29	1570	0.31	0.23	0.06
11	粉质黏土	0.5	0.32	0.08	708	22.52	1350	0.37	0.25	0.11
12	黏土	0.48	0.47	0.24	763.2	27.56	1390	0.36	0.27	0.09

土壤参数中需要率定的 7 个参数与水文过程紧密相关，对 VIC-3L 水文模型产流有着很大的影响，具体如下。

（1）B_1，该参数与土壤饱和含水量和年内月干燥度变差系数呈正相关关系，其值直接影响产流量大小，其取值范围通常为 0.001～0.6，初值取 0.3。

（2）Dsmax，该参数受水力传导度和网格平均坡度影响，与多年平均降雨量和凋萎含水量成正比，取值范围通常为 5～30，初值取 10。

（3）Ds，该参数与土壤干燥度呈负相关关系，与年均降雨量呈正相关关系，当土壤含水量很低时，它与基流大小成正比，其取值范围通常为 0.001～0.8，初值取 0.02。

（4）Ws，该参数与土壤中的石英质含量和含沙量呈正相关关系，其值越大表示基流非线性增长时土壤初始含水量越大，且 Ws 一定大于等于 Ds，其取值范围通常为 0.5～1，初值取 0.8。

（5）Depth，该参数有三层，分别为 d_1、d_2、d_3，三者均与多年平均气温呈负相关关系，d_1 的取值在 0.1 左右，d_2、d_3 的取值范围通常为 0.5～2，其初值分别取 0.1、0.5、1.5。

4.3.3　植被数据

植被数据由两部分组成：一部分是网格内植被覆盖数据；另一部分是植被参数。网格内植被覆盖数据主要包括每个网格内的植被类别和各自占网格总植被面积的比例、植被根系在土壤中的分层情况、土壤厚度、网格序号及植被分类编号。本小节植被数据来自马里兰大学的全球植被数据库，其分辨率为 1 km×1 km，该数据库将陆面分为 11 种植被类型和 3 种非植被覆盖类型，植被类型分别对应编号 1～11，水体、裸地及建筑分别对应编号 0、12 和 13。表 4-3 详细给出了 11 种植被类型及各种植被的根系分层比例情况，需要注意的是，此处的土壤厚度与土壤参数中的 d_1、d_2、d_3 有所差别，VIC-3L 水文模型根据其实际厚度进行插值计算得到了根系分布，图 4-9 为研究区域植被覆盖概况图。在制作植被覆盖数据库时，需要注意网格编号与土壤文件的一致性。

表 4-3　植被类型和根系分层比例表

编号	植被类型	第一层厚度/m	第二层厚度/m	第三层厚度/m	在第一层的比例	在第二层的比例	在第三层的比例
1	常绿针叶林	0.1	1	5	0.05	0.45	0.5
2	常绿阔叶林	0.1	1	5	0.05	0.45	0.5
3	落叶针叶林	0.1	1	5	0.05	0.45	0.5
4	落叶阔叶林	0.1	1	5	0.05	0.45	0.5
5	混交林	0.1	1	5	0.05	0.45	0.5
6	林地	0.1	1	1	0.1	0.65	0.25
7	林地草原	0.1	1	1	0.1	0.65	0.25
8	密灌丛	0.1	1	0.5	0.1	0.65	0.25
9	灌丛	0.1	1	0.5	0.1	0.65	0.25
10	草原	0.1	1	0.5	0.1	0.7	0.2
11	耕地	0.1	0.75	0.5	0.1	0.6	0.3

图 4-9　研究区域植被覆盖概况图

该地区无植被类型 3、12、13，14 为其他类型

植被参数主要包括各种类型植被的属性参数，当网格中包含某种植被时，在植被参数中将植被种类作为索引直接提取以下参数：植被种类（veg_class）、树冠标志（overstory）、

最小气孔阻抗（rmin）、建筑阻力（rarc）、叶面积指数（LAI）、短波反照率（albedo）、最高风速（wind_d）、糙率（rough）、生长高度（displacement）、最小入射短波辐射（RGL）、辐射衰减因子（rad_atten）、林冠风速筛选因子（wind_atten）、树干与树高比例等。上述参数取值参考陆地数据同化系统（land data assimilation system，LDAS）的工作成果，部分参数见表 4-4。

表 4-4　植被种类和部分参数表

植被类型	叶面积指数	短波反照率	最小气孔阻抗/(s/m)	零平面位移/m	糙率/m
常绿针叶林	3.4～4.4	0.12	250	8.04	1.476
常绿阔叶林	3.4～4.4	0.12	250	8.04	1.476
落叶针叶林	1.52～5.0	0.18	150	6.70	1.230
落叶阔叶林	1.52～5.0	0.18	150	6.70	1.230
混交林	1.52～5.0	0.18	200	6.70	1.230
林地	1.52～5.0	0.18	200	6.70	1.230
林地草原	2.2～3.85	0.19	125	1.00	0.495
密灌丛	2.2～3.86	0.19	135	1.00	0.495
灌丛	2.2～3.87	0.19	135	1.00	0.495
草原	2.2～3.88	0.20	120	0.40	0.074
耕地	0.02～5.0	0.10	120	1.04	0.006

4.3.4　气象驱动数据

本小节单独采用 VIC-3L 水文模型的水量平衡模式进行日尺度模拟计算，其所需的数据包含日最高气温、日最低气温、日降雨量。气象数据均来自国家气象科学数据中心中国气象数据网的 1991～2005 年日数据集，共选取梧州流域内及流域周边 82 个气象站，气象站分布如图 4-10 所示。利用反距离加权插值法将气象站的实测数据插值到流域 512 个网格上，在插值过程中，根据网格中心与站点的距离选择两者相隔最近的 3 个气象站的平均值作为网格值。另外，5 个水文站的流量数据均来自当地水文局，数据长度与气象数据同步。

4.3.5　汇流输入文件

VIC-3L 水文模型的汇流输入文件主要包括流向文件、有效面积占比文件及站点文件。流向文件用于描述各网格的水流流向和流域出口点，若利用 ArcGIS 分析流向，则在地势平坦的地区容易形成局部流向错乱，导致模型无法成功汇流，因而本小节结合 D8 算法手动对流向文件进行制作。如图 4-11 和图 4-12 所示，参照实际河网手绘出每个网格的流向，然后利用 D8 算法将流向顺时针划分为 8 个方向（编号分别为 1～8），据此将流向数字化，从而输入 VIC-3L 水文模型进行汇流。

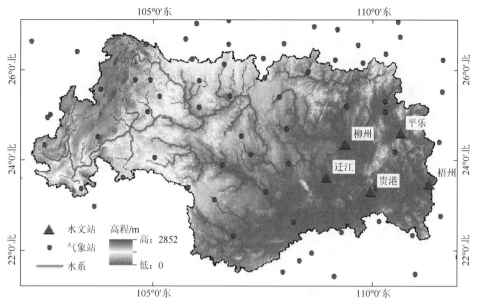

扫一扫　看彩图

图 4-10　研究区域气象站分布图

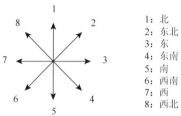

1：北
2：东北
3：东
4：东南
5：南
6：西南
7：西
8：西北

图 4-11　D8 算法示意图

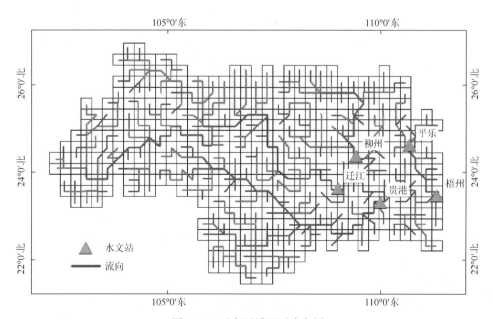

扫一扫　看彩图

图 4-12　研究区域河网流向图

　　有效面积占比文件针对的主要是流域边界。为保证所有流域的面积都在网格范围内，网格化时极易导致流域边界从网格中穿过，使网格中的部分面积并不属于研究区域。为解决此问题，在产流模拟时将网格产流乘以有效面积占比，从而将流量转化为流域内的有效产流。有效面积占比的计算过程均在 ArcGIS 中实现，其边界有效面积占比情况如图 4-13 所示。

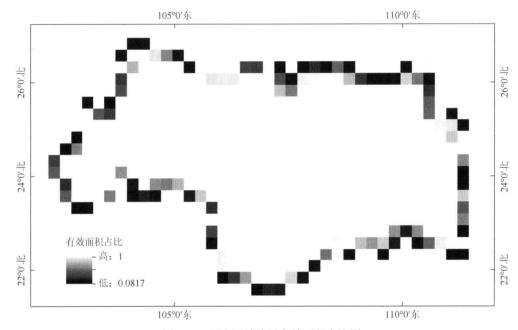

图 4-13　研究区域边界有效面积占比图

　　站点文件用于记录流域水文站即流域出口的名称和位置，该文件中包括：运行标志（0 或 1）、站名、位置、单位线路径。需要注意的是，这里的站点位置不是经纬度坐标，而是该水文站所在网格在流域网格的行数与列数。

4.3.6　全局控制文件

　　在准备完以上各种汇流输入文件后，全局控制文件将这些文件信息以地址形式连接起来并输入 VIC-3L 水文模型。全局控制文件包括产流模型的控制文件和汇流模型的控制文件。产流模型的控制文件需要设定模型运行步长、数据长度、模块选择、结果输出路径，以及气象、土壤、植被等数据的输入路径；汇流模型的控制文件需要设定数据长度、结果输出路径，以及流向、有效面积占比等文件的输入路径。

4.4　VIC-3L 水文模型运行

4.4.1　运行环境

　　VIC-3L 水文模型采用 C 语言编写（汇流部分采用的是 Fortran 语言），不能直接运用于 Windows 系统环境。因此，本节选择在 Windows 系统安装 VMware Workstation Pro 虚拟机并搭建乌班图（Ubuntu）的操作系统，最终在 Linux 系统下通过 Terminal 终端运行 VIC-3L 水文模型。

4.4.2　运行步骤

VIC-3L 水文模型运行需要代码编译和运行两个主要步骤。官网下载的模型代码复杂（18 000 多行且分为多个文件），不能直接调用运行，需要借助 make 命令将源代码编译为可执行文件 vicNl。同理，汇流代码也需要被编译为可执行文件 rout。编译之后，在 Terminal 终端窗口输入"./vicNl -g 产流控制文件"和"./rout 汇流控制文件"运行产流模型与汇流模型。

4.5　模型参数率定与评价指标

4.5.1　模型参数率定方法

本节采用坐标轮换法对模型参数进行率定[11]。该方法需要人工设置参数步长及上下限，最后需要人工从优化结果中挑出，得到最适合的参数。坐标轮换法通过不断计算、比较目标函数值来进行迭代，从而寻找最优值，其过程简单，计算快捷，被广泛用于水文模型的参数率定中[12]。坐标轮换法流程图如图 4-14 所示。

本节采用坐标轮换法，VIC-3L 水文模型参数寻优过程如下。

（1）根据坐标轮换法原理，用坐标 x_1，x_2，x_3，x_4，x_5，x_6，x_7 分别代表 VIC-3L 水文模型需要率定的 7 个参数（B_1、Ds、Dsmax、Ws、d_1、d_2、d_3），设各变量（参数）取值界限为 $x_{1(min)} \sim x_{1(max)}$，$x_{2(min)} \sim x_{2(max)}$，…，$x_{7(min)} \sim x_{7(max)}$，将每个参数的范围分为 10 段，则参数步长分别为 b_1，b_2，…，b_7。为简化计算，固定搜索方向为坐标轴方向，各参数初始值分别取 $x_{1(0)}$，$x_{2(0)}$，…，$x_{7(0)}$，目标函数初始值为 y_0，最大寻优次数为 6 次。

（2）首先对 x_1 进行寻优，保持 $x_2 \sim x_7$ 的值不变，给 x_1 增加一个步长，即 $x_{1(1)} = x_{1(0)} + b_1$，计算目标函数值 y_1。若 $y_1 > y_0$，则令 $x_1 = x_{1(1)}$，继续往后增加步长，直至 x_1 取上限；若 $y_1 < y_0$，则继续往后增加步长，直至 x_1 取上限。如此，就完成了对 x_1 的搜索。

（3）重复（2）的步骤，分别对 $x_2 \sim x_7$ 进行寻优，这样就完成了第一轮的参数寻优。

（4）上一轮寻优结束后，重复（2）、（3）的步骤，进行下一轮寻优。当轮数达到设定的最大值或者寻优结果收敛时停止寻优。本节中当相邻两轮寻优的目标函数值之差小于 10^{-5} 时，视为收敛。

（5）从寻优结果中挑出最大的目标函数值 y_n，该值对应的坐标值 x_1，x_2，x_3，x_4，x_5，x_6，x_7 即 7 个参数的最优值。

为更好地提高模型的模拟精度，本节将纳什效率系数（NSE）作为目标函数，该系数主要反映模拟洪水过程与实际洪水过程的拟合程度，其值越接近于 1，模拟效果越佳。其计算公式见式（3-10a）。

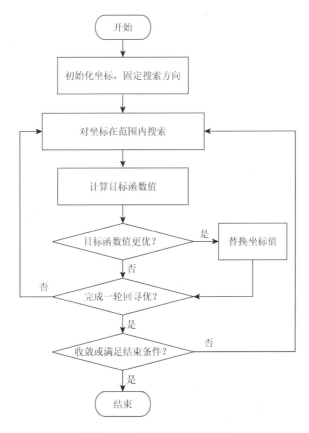

图 4-14 坐标轮换法流程图

4.5.2 模型评价指标

为对 VIC-3L 水文模型在研究区域的径流模拟效果进行有效评估，本节引入纳什效率系数（NSE）、相对误差（E_r）、决定系数（r^2）三个指标对模型进行评价，三者分别反映了流量过程的吻合程度、径流总量的精度、两流量系列之间的相关程度。各指标计算公式如下。

（1）纳什效率系数的计算公式如式（3-10a）所示。

（2）相对误差（E_r）的计算公式为

$$E_r = \frac{\left| \sum_{i=1}^{n}(Q_{obs,i} - Q_{sim,i}) \right|}{\left| \sum_{i=1}^{n} Q_{obs,i} \right|} \tag{4-15}$$

式中：$Q_{\mathrm{obs},i}$ 为 i 时刻的实测流量值；$Q_{\mathrm{sim},i}$ 为 i 时刻的模拟流量值。

（3）决定系数（r^2）的计算公式为

$$r^2 = \frac{\left[\displaystyle\sum_{i=1}^{n} (Q_{\mathrm{obs},i} - \bar{Q}_{\mathrm{obs}})(Q_{\mathrm{sim},i} - \bar{Q}_{\mathrm{sim}}) \right]^2}{\displaystyle\sum_{i=1}^{n} (Q_{\mathrm{obs},i} - \bar{Q}_{\mathrm{obs}})^2 \sum_{i=1}^{n} (Q_{\mathrm{sim},i} - \bar{Q}_{\mathrm{sim}})^2} \tag{4-16}$$

式中：$Q_{\mathrm{obs},i}$ 为 i 时刻的实测流量值；$Q_{\mathrm{sim},i}$ 为 i 时刻的模拟流量值；$\bar{Q}_{\mathrm{obs}}$ 为实测流量序列的平均值；$\bar{Q}_{\mathrm{sim}}$ 为模拟流量序列的平均值；n 为序列长度。

本节在对模型适用性评价时认为，当评价指标同时满足 NSE＞0.7，E_r＜0.2，r^2＞0.8 时，模型在研究区域的适用性良好，能够很好地刻画该流域的径流过程[13]。

4.6　模拟率定结果及验证

本节对柳州水文站、迁江水文站、贵港水文站、梧州水文站四个水文站的日流量数据进行了率定。将 1991～2000 年气象数据用于模型率定，将 2001～2005 年数据用于模型验证，模型预热期设置为 1991～1992 年。为解决模拟结果枯水期流量偏低的问题，本节对四个水文站的丰水期、枯水期流量分别进行率定，然后将它们整合在一起。模拟结果分别在日尺度和月尺度下展示，率定期与验证期的评价指标结果见表 4-5，日尺度流量过程模拟结果见图 4-15 和图 4-16，月尺度流量过程模拟结果见图 4-17 和图 4-18。

表 4-5　VIC-3L 水文模型在日、月尺度下对各流域径流模拟的评价指标结果

时间尺度		评价指标	柳州水文站	迁江水文站	贵港水文站	梧州水文站
日尺度	率定期	NSE	0.878	0.839	0.781	0.891
		决定系数	0.882	0.84	0.827	0.9
		相对误差/%	10.4	6.5	18	4.3
	验证期	NSE	0.837	0.839	0.75	0.864
		决定系数	0.872	0.86	0.8	0.89
		相对误差/%	11.5	12.5	20	10.8
月尺度	率定期	NSE	0.939	0.947	0.861	0.969
		决定系数	0.952	0.955	0.902	0.972
		相对误差/%	10.4	6.5	18	4.3
	验证期	NSE	0.925	0.901	0.878	0.949
		决定系数	0.947	0.951	0.95	0.975
		相对误差/%	11.5	12.5	20	10.8

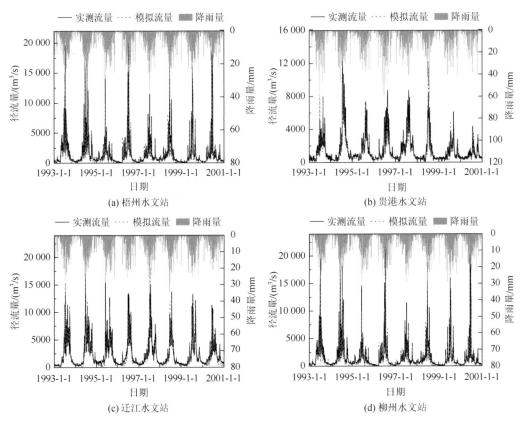

图 4-15　率定期各流域日尺度流量过程模拟图

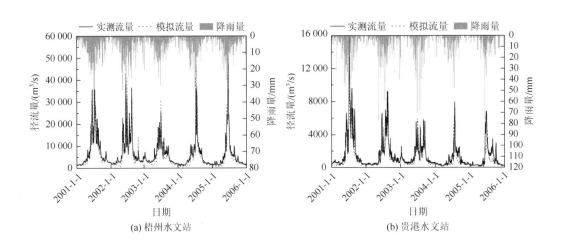

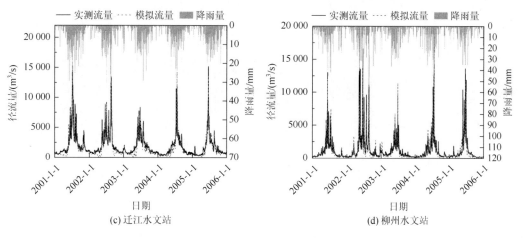

图 4-16　验证期各流域日尺度流量过程模拟图

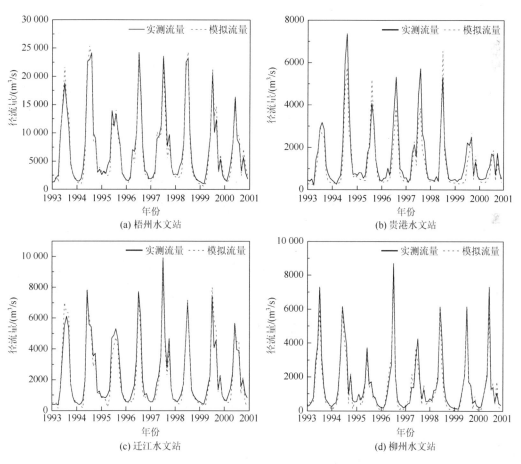

图 4-17　率定期各流域月尺度流量过程模拟图

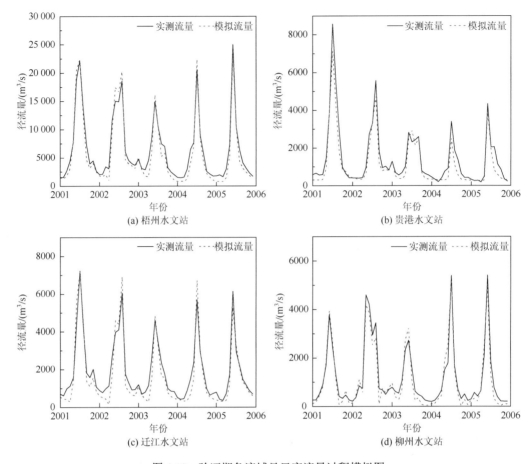

图 4-18　验证期各流域月尺度流量过程模拟图

由表 4-5 可知：率定期与验证期四个水文站的日尺度流量数据模拟的 NSE 均在 0.75 及以上，贵港水文站的模拟效果稍差，其余水文站均在 0.8 以上，梧州水文站的模拟效果更佳，NSE 达 0.891，说明模拟流量过程总体吻合程度较好；决定系数所有时期所有水文站均达到 0.8 以上，说明实测流量与模拟流量具有很好的相关性；相对误差表现一般，其中贵港水文站验证期达到了 20%，但其他水文站都在 10%左右。从图 4-15、图 4-16 可以看出，各个水文站的模拟径流与实测径流的总体变化趋势基本相同，在率定期各个水文站枯水期拟合较好，且没有出现明显的偏枯现象，中小径流整体模拟效果良好，但丰水期大洪量洪峰模拟结果偏低。原因如下：一是与流域内分布的气象站数量有关，大洪水往往是由大暴雨形成的，但气象站分布稀疏，很难捕捉暴雨中心雨量，网格插值所得雨量偏小，进而导致洪峰偏小；二是流域内水库在大洪水时期蓄水，导致河道流量偏小。验证期除贵港水文站流量模拟过程稍差外，其他水文站的拟合效果均较好，但迁江水文站与柳州水文站枯水期的拟合效果相对偏差。综上，该模型能够很好地模拟研究区域的日径流过程。

从表 4-5 可以看出：率定期与验证期除贵港水文站外，其他水文站的月尺度结果中 NSE 均在 0.9 以上，贵港水文站的 NSE 也达到了 0.861，梧州水文站的模拟效果最佳，率定期

NSE 达到了 0.969，验证期达到了 0.949，说明 VIC-3L 水文模型能够很好地反映研究区域月尺度流量过程；所有水文站的决定系数均超过 0.9，说明实测月径流量与模拟月径流量有很强的相关性。由图 4-17 和图 4-18 可知，率定期月径流量在枯水期拟合得较为理想；但在验证期，迁江水文站与柳州水文站存在轻度偏枯现象，另外，梧州水文站在 2004 年与 2005 年的枯水期也出现了微弱偏枯现象；洪水期在月尺度总体拟合效果较好，但在贵港水文站的率定期中 1994 年、1996 年和 1997 年出现了洪峰偏小现象。总体而言，该模型能够很好地反映研究区域的月径流过程。

综上所述，VIC-3L 水文模型无论是在日尺度下还是在月尺度下均能取得较好的模拟效果，尤其是梧州水文站，两种尺度下决定系数在验证期达到了 0.89 和 0.975，说明该模型可以很好地反映该水文站的径流过程，模拟结果可信。考虑到梧州水文站被视为珠江中上游区域的总控制点，认为 VIC-3L 水文模型能够适用于变化条件下珠江中上游地区的水文过程模拟。

参 考 文 献

[1]　ARNELL N W. A simple water balance model for the simulation of streamflow over a large geographic domain[J]. Journal of hydrology，1999，217（3）：314-335.

[2]　LOHMANN D，LETTENMAIER D P，LIANG X，et al. The project for intercomparison of Land-surface Parameterization Schemes (PILPS) phase 2(c) Red-Arkansas River basin experiment：3. Spatial and temporal analysis of water fluxes[J]. Global & planetary change，1998，19（1/2/3/4）：161-179.

[3]　LIANG X U，XIE Z. A new surface runoff parameterization with subgrid-scale soil heterogeneity for land surface models[J]. Advances in water resources，2001，24（9）：1173-1193.

[4]　XU L，XIE Z，HUANG M. A new parameterization for surface and groundwater interactions and its impact on water budgets with the variable infiltration capacity (VIC) land surface model[J]. Journal of geophysical research：Atmospheres，2003，108（D16）：8613.

[5]　陆桂华，吴志勇，何海. 水文循环过程及定量预报[M]. 北京：科学出版社，2010.

[6]　DEARDORFF J W. Efficient prediction of ground surface temperature and moisture with inclusion of a layer of vegetation[J]. Journal of geophysical research oceans，1978，83（C4）：1889-1903.

[7]　徐宗学. 水文模型[M]. 北京：科学出版社，2009.

[8]　FAMIGLIETTI J S，WOOD E F. Evapotranspiration and runoff from large land areas：Land surface hydrology for atmospheric general circulation models[J]. Surveys in geophysics，1991，12（1/2/3）：179-204.

[9]　孟长青. 变化环境下长江上游水文循环多维响应及预估研究[D]. 武汉：华中科技大学，2017.

[10]　彭勇. 分布式陆气耦合模型在洪水预报中的应用研究[D]. 武汉：华中科技大学，2013.

[11]　罗雁，简金宝，韩道兰. 无约束优化中新的 Rosenbrock 型算法[J]. 广西科学，2005（2）：85-88.

[12]　张续军. VIC 水文模型在中国湿润地区的应用研究[D]. 南京：河海大学，2006.

[13]　孙德升. 水文预报方案精度评定和检验标准综述[J]. 黑龙江水利科技，2014（6）：30-32.

第5章 未来气候预估及径流响应

受人类活动影响，温室气体对全球气候系统具有更加显著的累积效应，而以气候变暖为主要特征的气候变化已经对流域径流特性产生了较大的影响，在一定程度上加剧了珠江流域水资源时空分布的不均匀特性。虽然全球气候变化对自然水循环、生态环境等方面的影响已经被广泛关注，但是现阶段对气候变化的预测仍存在较大的不确定性，因此，研究未来气候情景的变化趋势，探究气候变化情景下流域径流响应特性，对缓解流域水安全问题、保障国家社会经济可持续发展都具有十分重要的现实意义。

本章引入 SDSM 对 CanESM2 气候模式数据进行降尺度处理，应用 1968～2005 年美国国家环境预报中心（National Centers for Environmental Prediction，NCEP）再分析数据与站点实测数据对 SDSM 进行优选，同时采用决定系数与趋势线斜率对模型适用性进行评估；进一步，将 CanESM2 气候模式 RCP2.6、RCP4.5、RCP8.5 三种排放情景下 2020～2100 年的大气环流因子输入参数率定后的 SDSM 中，预估研究区域 2020～2100 年的未来气候；利用气候模拟数据驱动 VIC-3L 水文模型，探究气候变化情景下珠江流域未来的径流响应特性。

5.1 气候变化情景及模式选择

作为气候领域效率最高的工具之一，大气环流模式（general circulation models，GCMs）已被广泛应用于未来气候变化和水资源响应等相关研究中[1-3]。GCMs 是通过数学建模来描述地球表面物理过程的有效工具，它利用建立的大气环流机制模型为科研工作提供可靠、长远的未来气候数据[4]。2013 年 IPCC 第五次评估报告中采用耦合模式比较计划第五阶段（coupled model intercomparison project5，CMIP5）的成果，CMIP5 中收集了全球 23 个模式组近 60 种大尺度模式，不同模式有着不同的分辨率，具体模式见表 5-1。

表 5-1 全球气候模式基本信息

模式	模式中心	分辨率（经×纬）	模式	模式中心	分辨率（经×纬）
ACCESS1.0	澳大利亚	$1.875°×1.25°$	GFDL-ESM2G		$2°×2.02°$
ACCESS1.3		$1.875°×1.25°$	GFDL-ESM2M		$2.5°×2.02°$
BCC-CSM1.1	中国	$2.81°×2.79°$	GISS-E2-H	美国	$2.5°×2°$
BCC-CSM1.1(m)		$2.81°×2.79°$	GISS-E2-H-CC		$2.5°×2°$
BNU-ESM		$2.81°×2.79°$	GISS-E2-R		$2.5°×2°$
CCSM4	美国	$1.25°×0.94°$	GISS-E2-R-CC		$2.5°×2°$
CESM1(BGC)		$1.25°×0.94°$	HadGEM2-AO	韩国	$3.75°×2.5°$
CESM1(CAM5)		$1.25°×0.94°$	HadGEM2-A		$1.87°×1.25°$

续表

模式	模式中心	分辨率(经×纬)	模式	模式中心	分辨率(经×纬)
CESM1(FASTCHEM)	美国	1.25°×0.94°	HadCM3	英国	1.87°×1.25°
CESM1(WACCM)		2.5°×1.88°	HadGEM2-CC		1.87°×1.25°
CFSv2-2011		1°×1°	HadGEM2-ES		1.87°×1.25°
CMCC-CESM	意大利	3.75°×3.44°	INM-CM4	俄罗斯	2°×1.5°
CMCC-CM		0.75°×0.74°	IPSL-CM5A-LR	法国	3.75°×1.89°
CMCC-CMS		3.75°×3.71°	IPSL-CM5A-MR		2.5°×1.26°
CNRM-CM5	法国	1.40°×1.40°	IPSL-CM5B-LR		3.75°×1.89°
CNRM-CM5-2		1.40°×1.40°	MIROC-ESM	日本	2.81°×2.79°
CSIRO-Mk3.6.0	澳大利亚	1.87°×1.86°	MIROC-ESM-CHEM		2.81°×2.79°
CSIRO-Mk3L-1-2		5.62°×3.18°	MIROC4h		0.56°×0.56°
CanAM4	加拿大	2.81°×2.79°	MIROC5		1.40°×1.40°
CanCM4		2.81°×2.79°	MPI-ESM-LR	德国	1.87°×1.86°
CanESM2		2.81°×2.79°	MPI-ESM-MR		1.87°×1.86°
EC-EARTH	欧盟	1.12°×1.12°	MPI-ESM-P		1.87°×1.86°
FGOALS-g2	中国	2.81°×2.79°	MRI-AGCM3-2H	日本	0.56°×0.56°
FGOALS-gl		5°×4.10°	MRI-AGCM3-2S		0.18°×0.18°
FGOALS-s2		2.81°×1.65°	MRI-CGCM3		1.12°×1.12°
GEOS-5	美国	2.5°×2°	MRI-ESM1		1.12°×1.12°
GFDL-CM2.1		2.5°×2.02°	NorESM1-M	挪威	2.5°×1.89°
GFDL-CM3		2.5°×2°	NorESM1-ME		2.5°×1.89°

　　气候情景模式是考虑了温室气体排放、社会经济、人口等人文因素的影响对未来进行预测、对过去进行模拟得到的排放情景[5]，2000 年与 2007 年的 IPCC 第三次、第四次评估报告中，CMIP3 与 CMIP4 采用的都是关于排放情景特别报告（special report on emission scenarios，SRES）的情景模式，该模式假设了 A1、A2、B1、B2 四种情景，A 系列情景代表世界经济快速发展，B 系列情景侧重于社会与环境的发展；1 系列情景假设世界趋于全球化，各国科技、文化、贸易之间的交流更加频繁，2 系列情景则假设世界全球化不显著。A1 情景是一个经济飞速发展、人口先增后减、高新科技不断涌现的未来世界。A2 情景是一个发展极不平衡的世界，区域经济发展极不协调，新生人口分布不均，贫富两极化日益严重。B1 情景是一个发展平衡、绿色环保、可持续发展的世界，与 A1 相似，人口先增后减，采用更清洁、更高效的科学技术以实现社会-经济-环境的可持续发展。B2 情景假设世界人口数量持续增长，社会经济位于中端层次，技术创新相比 B1 趋缓，技术研究方向多样，不特别注重环保科技的发展[6]。此外，CMIP5 还提出新的未来气候情景——RCPs[7-9]，以充分考虑辐射强迫和经济发展，涉及人口、经济及政府管理等相关指标。相比于 CMIP4 中的 SRES 情景，RCPs 可以更好地分析、评估人类活动对未来气候的影响[10]，由 RCP2.6、

RCP4.5、RCP6.0 和 RCP8.5 四种情景组成。RCP2.6 是温室气体排放的最理想状态，人类积极采取应对气候变化的措施，出台与节能减排相关的政策，有效减少温室气体的排放量，使得污染物浓度先升后降直至稳定，即在 21 世纪中期，辐射强迫上升到峰值 3 W/m^2，后期逐渐减少并稳定在 2.6 W/m^2，且到 2100 年全球气温上升控制在 2 ℃以内。RCP4.5 和 RCP6.0 假设温室气体排放长久存在，但没有超过目标水平，并在 2100 年达到稳定，两种路径在达到稳定时，辐射强迫分别为 4.5 W/m^2 和 6.0 W/m^2，全球气温上升控制在 2.4～7.2 ℃。RCP8.5 代表典型浓度持续上升、温室气体排放最严重的情景，假设未来人口持续快速增长、节能技术进展缓慢、人类环保意识不够等因素共同导致温室气体排放持续加速，到 2100 年辐射强迫达到 8.5 W/m^2，温度也将升高 4.6～10.3 ℃[11]。表 5-2 详细介绍了 RCPs 排放情景信息。

表 5-2　RCPs 排放情景

典型情景	路径形式	辐射强迫	CO_2 相当浓度
RCP8.5	持续上涨	2100 年上升至 8.5 W/m^2	约为 1370×10^{-6}
RCP6.0	未超过目标水平达到稳定	2100 年稳定在 6.0 W/m^2	稳定在约 860×10^{-6}
RCP4.5	未超过目标水平达到稳定	2100 年稳定在 4.5 W/m^2	稳定在约 650×10^{-6}
RCP2.6	先升后降达到稳定	2100 年下降到 2.6 W/m^2	峰值约为 490×10^{-6}

本章选择由加拿大气候模拟与分析中心研发的 CanESM2 气候模式和 RCP2.6、RCP4.5、RCP8.5 三种排放情景对珠江中上游流域进行未来气候模拟，模拟结果分别代表 CanESM2 气候模式在低排放、中排放、高排放情景下 2020～2100 年的未来气候。已有研究[10-12]表明，CanESM2 气候模式可以很好地模拟气候变化情景，可以对我国区域做出较为可靠的未来气候预估。但是大气环流模型通常模拟大尺度大气运动，难以较好地代表和刻画中小尺度的大气运动[13]，因而选取 SDSM 对 CanESM2 气候模式数据进行降尺度处理，将低分辨率的大气运动信息转化为研究区域尺度的气候状态信息（如最高气温、最低气温与降雨量）。

5.2　SDSM 的统计降尺度方法

5.2.1　SDSM 简述

统计降尺度方法与动力降尺度方法是目前国内外气象研究中运用最多的两种降尺度方法。动力降尺度方法将全球气候模式与区域模式单向耦合，优点是它可以应用到各种分辨率，且不受实际观测点数据资料的限制，但是它的计算过程复杂、耗时长[14]。统计降尺度方法假设中小尺度气候受大尺度气候状态和局部地区下垫面状态（如地貌地形和土地利用）的共同影响，具有计算过程简单、速度快、耗时短、精度高等优点，可以弥补动力降尺度方法的不足[15]。

SDSM 是一个运用随机发生器技术和多元回归分析技术的统计降尺度模型，既可以考虑各变量因子的时空相关性，又可以有效捕捉大尺度气候引发极端事件的频率[16]，现已广泛应用于国内外气候变化及水文响应的相关研究中[17-19]。

5.2.2 SDSM 原理及结构

SDSM 的原理是利用多元回归分析技术构建气候预报因子（气压、湿度、风速等 26 个）与模型预报量之间的函数统计关系，而后据此将气候模式中与 GCMs 相关的预报因子输入率定好的统计关系模型中，从而生成各个站点的未来气温、降雨量序列。建立预报量（RV）与预报因子（EF）之间的统计关系是 SDSM 的核心环节。如图 5-1 SDSM 运行流程图所示，SDSM 的率定运行主要包括以下几个步骤。

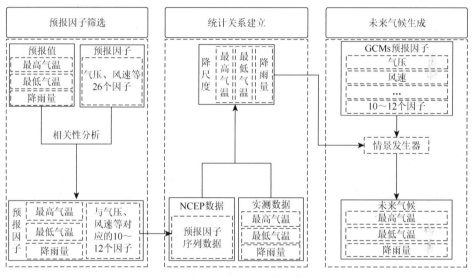

图 5-1 SDSM 运行流程图

（1）预报因子的筛选。选择正确的预报因子对降尺度的效果有着重要影响。SDSM 综合运用偏相关分析、季节相关分析、主观判断三种方法来选择预报因子[3]。另外，预报因子选择过程中一般要遵行以下几个准则：

第一，所选预报因子与预报量在物理成因上要有很强的相关性；

第二，所选预报因子能够反映大尺度气候的状态变化及重要物理过程；

第三，所选预报因子要能被气候模式准确地模拟与识别，以减小气候模式的系统误差；

第四，被选中的用于统计关系模型的预报因子之间是无关或者弱相关的。

（2）统计关系的建立。建立气象站点观测数据（气温、降雨量）预报量（RV）与大气环流预报因子（EF）的统计关系，具体如下：

$$RV = F(EF) \tag{5-1}$$

式中：$F(\cdot)$ 为确定或随机函数；RV 的值根据实际需要进行选定；EF 的值根据步骤（1）中的准则和方法进行选择。

（3）未来气候的生成。根据步骤（2）中的统计关系模型，将 GCMs 情景数据输入情景发生器得到区域站点的未来气象数据序列。

5.3 基于 SDSM 的未来气候预估

5.3.1 SDSM 数据准备

本章采用的 GCMs 数据来自加拿大气候模拟与分析中心，在 RCP2.6、RCP4.5、RCP8.5 三种排放情景下将 2020~2100 年的数据输入 SDSM，生成流域各站点的未来气候情景数据。1968~2005 年的 NCEP 历史再分析数据用于率定 SDSM，其中 1968~1995 年作为率定期，1996~2005 年作为验证期，NCEP 每日再分析数据可从 NCEP 官网下载。研究区域气象站的 1968~2005 年的历史气象资料（最高气温、最低气温、降雨量）均源自国家气象科学数据中心中国气象数据网、国家气象信息中心，率定期与验证期数据长度与 NCEP 再分析数据一致。CanESM2 气候模式数据与 NCEP 历史、每日再分析数据已经插值到统一的分辨率网格上，以便用于 SDSM 的率定与模拟。

5.3.2 预报因子选择

NCEP 历史再分析数据中包括 26 个大气状态预报因子，详细预报因子信息见表 5-3，主要包括海平面、500 hPa、850 hPa 三个层次的因子，所有数据可以直接输入 SDSM。

表 5-3 大气状态预报因子

预报因子	物理意义	预报因子	物理意义
mslp	平均海平面气压	p5_z	500 hPa 涡度
p_f	近地面风速	p5th	500 hPa 风向
p_u	近地面经向温度	p5zh	500 hPa 散度
p_v	近地面纬向温度	p500	500 hPa 位势高度
p_z	近地面涡度	r500	500 hPa 相对湿度
p_th	近地面风向	p8_f	850 hPa 风速
p_zh	近地面散度	p8_u	850 hPa 经向温度
prcp	降雨	p8_v	850 hPa 纬向温度
shum	近地表湿度	p8_z	850 hPa 涡度
temp	近地表温度	p8th	850 hPa 风向
p5_f	500 hPa 风速	p8zh	850 hPa 散度
p5_u	500 hPa 经向温度	p850	850 hPa 位势高度
p5_v	500 hPa 纬向温度	r850	850 hPa 相对湿度

运用 SDSM 中的变量筛选模块并结合预报因子的筛选准则进行迭代筛选，最终与预报量最高气温、最低气温、降雨量相对应的预报因子如下。

（1）最高气温：平均海平面气压（mslp）、近地面经向温度（p_u）、近地面纬向温度（p_v）、近地面散度（p_zh）、850 hPa 纬向温度（p8_v）、850 hPa 散度（p8zh）、500 hPa 相对湿度（r500）、近地表湿度（shum）、850 hPa 相对湿度（r850）、近地表温度（temp）。

（2）最低气温：平均海平面气压（mslp）、近地面涡度（p_z）、近地面散度（p_zh）、850 hPa 经向温度（p8_u）、850 hPa 纬向温度（p8_v）、850 hPa 涡度（p8_z）、近地表湿度（shum）、500 hPa 位势高度（p500）、近地表温度（temp）。

（3）降雨量：平均海平面气压（mslp）、近地面经向温度（p_u）、近地面纬向温度（p_v）、850 hPa 经向温度（p8_u）、500 hPa 位势高度（p500）、850 hPa 位势高度（p850）、降雨（prcp）、近地表湿度（shum）、500 hPa 相对湿度（r500）、850 hPa 相对湿度（r850）。

5.3.3　SDSM 率定与验证

本节在收集得到 1968～1995 年的 NCEP 再分析数据和站点实测数据后，在 SDSM 的率定模块和情景发生器模块中建立降尺度统计关系，并生成率定期与验证期的气象数据。图 5-2、图 5-3 分别是珠江中上游流域率定期和验证期降雨量、最高气温、最低气温的实测值与模拟值的对比图。

图 5-2（a）是率定期降雨量的 Q-Q 图与年内降雨量分布柱状图。从 Q-Q 图可以看出，降雨量模拟值与实测值的决定系数为 0.934，趋势线斜率为 0.947。从柱状图可以看出，总体上实测值与模拟值大小差别微弱，4 月与 10 月两者几乎一致，5～9 月为汛期，降雨量模拟值比实测值偏大，1～3 月、11～12 月为枯水期，降雨量模拟值比实测值偏小。图 5-2（b）和（c）是最高气温与最低气温的模拟结果对比图，两者的决定系数均在 0.99 以上，斜率均趋近于 1，截距均趋近于 0，年内分配实测值与模拟值几乎一样，降尺度技术对气温具有很强的模拟效果。综上，SDSM 在率定期对最高气温、最低气温的模拟效果优于对降雨量的模拟效果。

图 5-3（a）是验证期降雨量的 Q-Q 图与年内降雨量分布柱状图。从 Q-Q 图可以看出，降雨量模拟值与实测值的决定系数为 0.917，趋势线斜率为 0.916。从降雨量年内分布图可以看出，2 月、7 月、9 月降雨量实测值与模拟值相近，模拟效果好，除此之外的其他月份降雨量的降尺度模拟值均小于实测值，尤其是在汛期，5 月、6 月、8 月的模拟值与实测值差值明显，达到 15～20 mm。图 5-3（b）和（c）是最高气温与最低气温的模拟结果对比图，Q-Q 图的模拟效果与率定期相似，决定系数均达到了 0.99 以上，斜率在 1 左右，截距接近于 0。图 5-3（b）为最高气温年内分布图，可以看出 1～4 月最高气温实测值略高于降尺度模拟值，5～12 月则相反，最高气温实测值均略低于降尺度模拟值。图 5-3（c）为最低气温年内分布图，可以看出最低气温降尺度的模拟值相比于实测值整体略低。

总地来说，SDSM 对验证期月尺度降雨量、最高气温、最低气温模拟的决定系数均在 0.9 以上，趋势拟合线的斜率均接近 1，气温模拟值几乎与实测值一致，降雨量模拟

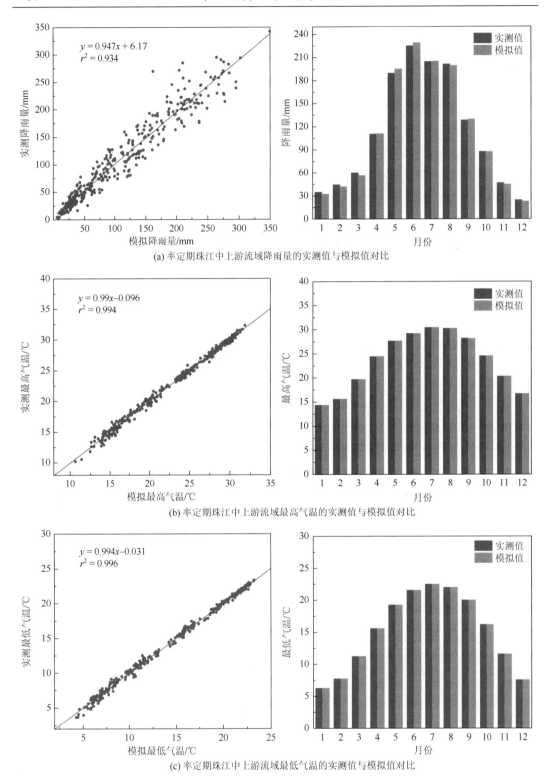

(a) 率定期珠江中上游流域降雨量的实测值与模拟值对比

(b) 率定期珠江中上游流域最高气温的实测值与模拟值对比

(c) 率定期珠江中上游流域最低气温的实测值与模拟值对比

图 5-2　率定期珠江中上游流域降雨量、最高气温、最低气温的实测值与模拟值对比

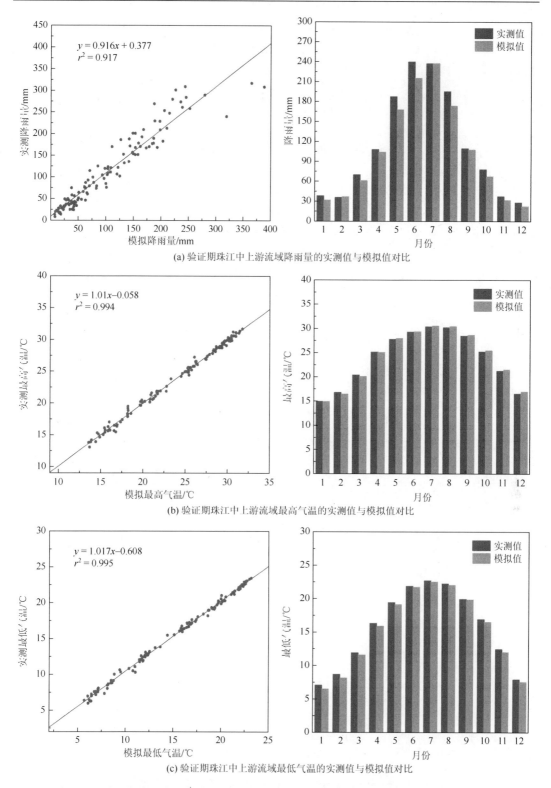

(a) 验证期珠江中上游流域降雨量的实测值与模拟值对比

(b) 验证期珠江中上游流域最高气温的实测值与模拟值对比

(c) 验证期珠江中上游流域最低气温的实测值与模拟值对比

图 5-3　验证期珠江中上游流域降雨量、最高气温、最低气温的实测值与模拟值对比

效果较气温稍差，但在趋势上与实测值保持一致，这与国内外许多学者的研究结果一致。综上所述，认为 SDSM 可以准确地模拟各气象要素，能够用于珠江中上游流域未来气候情景的预估。

5.3.4　RCPs 情景下未来降雨预估

将 2020～2100 年 CanESM2 模式下三种排放情景的大气环流因子数据输入 SDSM 的情景发生器中，得到珠江中上游 2020～2100 年的日降雨、日最高气温、日最低气温。本小节将 2020～2100 年分为三个时期进行分析，取 2020～2039 年为近期，记作 2020 s；取 2040～2069 年为中期，记作 2050 s；取 2070～2100 年为后期，记作 2080 s。基准期指 1968～2005 年。本小节引入气候变化率与离差系数对未来气候进行分析，具体公式如下：

$$y_p = a + b_p t \tag{5-2}$$

式中：y_p 为气候变量趋势线的一元回归值；t 为时间；b_p 为气候变化率；a 为回归线的纵轴截距。

$$\sigma = \sqrt{\frac{\sum_{i=1}^{n}(x_i - \bar{x})^2}{n}} \tag{5-3}$$

$$C_v = \frac{\sigma}{\bar{x}} \tag{5-4}$$

式中：x_i 为气候变量序列值；$\bar{x}$ 为气候变量序列均值；n 为序列长度；σ 为均方根误差；C_v 为离差系数，它反映序列的离散程度。

图 5-4 为未来各排放情景下年降雨量相对基准期多年平均降雨量的年际变化比例。RCP2.6 情景下的年降雨量从近期到 21 世纪中期呈下降趋势，中期以后呈微弱上升趋势，降雨量年际变化比例为 –22%～25%，总体上降雨总量相对于基准期增加了 4.42%；RCP4.5 情景下的年降雨量无明显变化趋势，其降雨量年际变化比例为 –22%～21%，总体上降雨总量相对于基准期增加了 0.73%，基本与基准期持平；RCP8.5 情景下未来降雨量呈微弱上升趋势，上升速度为 18 mm/10 a，其降雨量的年际变化比例为 –24%～29%，其波动幅度最大，

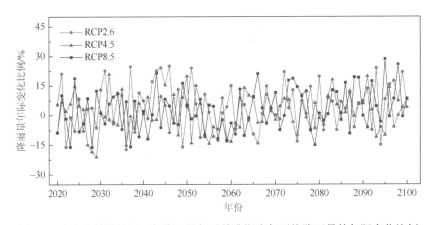

图 5-4　未来各排放情景下年降雨量相对基准期多年平均降雨量的年际变化比例

总体上降雨总量较基准期增加了 2.54%。总体来说,三种情景下的降雨量均可视为波动稳定状态,无明显上升或者下降趋势,但长期降雨总量相对于基准期均有所增加。相对于气温,降雨量易受地球热力、动力作用及盛行环流等因素年际变化引起的小尺度气候过程和复杂下垫面条件的影响,其准确模拟难度较大,增加了不确定性[20]。

此前,许多研究学者运用不同的 GCMs 气候模式及排放情景对珠江流域未来气候进行了预估。结果表明,未来气温均为显著的上升趋势,降雨量呈现出不同的变化情势,但均没有明显上升或下降趋势,而是趋向于波动稳定。例如,许燕等[20]、刘绿柳等[21]利用全球气候模式分析了珠江中上游在 SRES 气候情景下各时段的降雨量,结果表明未来时段珠江中上游流域降雨增加;林榕杰等[11]研究发现,RCPs 情景下都柳江流域未来时段的降雨量呈波动稳定趋势,RCP2.6 情景下年均降雨量呈微弱减少趋势,RCP4.5 与 RCP8.5 情景下年均降雨量呈略微增长趋势;杜尧东等[22]、杨红龙等[23]利用区域模式对珠江流域降雨特征进行了模拟分析,结果表明未来 RCPs 情景下各时段流域平均降雨量均会减少。显然,上述研究结果与本节研究结果基本一致,均认为未来流域降雨的波动性将很大,这意味研究区域内发生极端降雨事件的概率将会增加。

由表 5-4 可知,降雨量年际变化比例序列的离差系数为 2.6~13.4,其值为气温变化值离差系数的 5~27 倍,说明未来降雨量呈现出非常大的波动性。RCP2.6 情景下,各个时段降雨量均增加,相对于基准值的增幅分别为 3.4%、3.1%、6.1%;RCP4.5 情景下,2020 s时段降雨量减少,其余两个时段降雨量均增加;RCP8.5 情景下,2020 s 时段降雨量基本不变,2050 s 时段降雨量减少 0.6%,2080 s 时段降雨量增加 6.5%。各个情景下 2080 s 时段降雨量均增加,2020 s 和 2050 s 时段在 RCP4.5、RCP8.5 情景下增减幅度均不到 1%。综上所述,珠江流域梧州以上地区未来降雨的不确定性较大。

表 5-4　RCPs 排放情景下不同时段降雨量变化特征

情景	基准期降雨量/mm	各时段降雨量变化比例/%			降雨量变化比例（2020~2100 年）/%	离差系数
		2020 s	2050 s	2080 s		
RCP2.6	1359	3.4	3.1	6.1	4.42	2.6
RCP4.5	1359	−0.9	0.8	1.6	0.73	13.4
RCP8.5	1359	0.0	−0.6	6.5	2.54	4.3

图 5-5 为 RCPs 三种情景下月平均降雨量与基准期（1968~2005 年）月平均降雨量的对比图。可以看出,1 月、2 月、3 月、6 月、12 月各情景下各时段的未来月平均降雨量均高于基准期,4 月、7 月、10 月各情景下各时段的未来月平均降雨量均少于基准期,其余月份均位于各情景各时段月平均降雨量之间,未来降雨量年内分配趋势与基准期一致。RCP8.5 情景下,4 月、7 月、10 月、11 月 2080 s 时段月平均降雨量少于其他情景,其他月份几乎都是降雨量高于其他情景,尤其是在 5 月、6 月、9 月。RCP2.6 与 RCP4.5 情景下的 2080 s 时段的月平均降雨量在同情景下均偏高。从整体上看,汛期 5~9 月的月平均降雨量变化最大,但三种情景下 2080 s 时段 7~8 月的月平均降雨量均小于同情景下 2020 s和 2050 s 时段的月平均降雨量,意味着到 21 世纪后期 7~8 月的月平均降雨量将会减少。

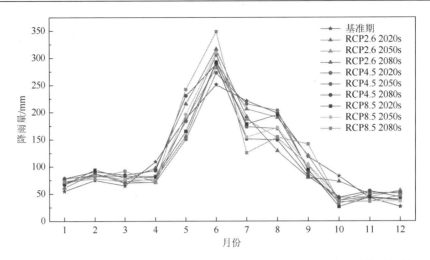

图 5-5　未来气候模式下各时段月平均降雨量与基准期月平均降雨量的对比图

5.3.5　RCPs 情景下未来最高气温预估

图 5-6 展示了 2020～2100 年 RCP2.6、RCP4.5、RCP8.5 三种排放情景下流域年平均最高气温的增幅信息。RCP2.6 情景下，年平均最高气温气候变化率为 0.001 ℃/10 a，总体几乎稳定不变，但局部呈现先上升后下降的趋势，2020～2065 年年平均最高气温以 0.12 ℃/10 a 的速度不断上升，2066～2100 年年平均最高气温以 0.22 ℃/10 a 的速度呈现缓慢下降趋势。RCP4.5 情景下，年平均最高气温相对于基准期呈缓慢升高趋势，其气候变化率为 0.180 ℃/10 a。RCP8.5 情景下，年平均最高气温相对于基准期呈显著快速升高趋势，其气候变化率为 0.480 ℃/10 a。三种情景下年平均最高气温变化值序列的离差系数分别为 0.50、0.42、0.55，表明气温变化波动幅度较小，变化趋势较为显著。

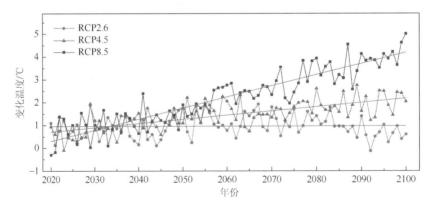

图 5-6　未来各情景下年平均最高气温相对于基准期多年平均最高气温的增幅

唐国利等[24]研究表明，近 100 年来我国的平均温度气候变化率为 0.05～0.08 ℃/10 a，而珠江流域梧州以上区域的未来最高气温气候变化率是其 4～6 倍；任国玉等[25]研究表明，近 50 年来我国平均温度气候变化率为 0.22 ℃/10 a，与此比较，该流域 RCP4.5 情景下的年平均最高气温气候变化率是其 82%，而 RCP8.5 情景下是其 2.18 倍。根据基准期（1968～2005 年）年平均最高气温计算的气候变化率为 0.16 ℃/10 a，RCP4.5 情景下年平均最高气温的上升趋势与珠江流域气温变化趋势较为一致。

由表 5-5 可以看出，在 RCP2.6、RCP4.5、RCP8.5 三种排放情景下，所有时段最高气温均呈现上升趋势，除 RCP2.6 情景 2080 s 时段较基准期最高气温增加 0.94 ℃，明显小于 2050 s 时段外，其余情景下均大于 2050 s 时段，这是因为 RCP2.6 情景下气温在 21 世纪中期达到了最大值，后期气温缓慢下降。可以发现，2020 s 时段 RCP2.6 情景下最高气温增幅最大，为 0.88 ℃，RCP4.5 情景下最高气温增幅最小，为 0.88 ℃。而在 2050 s、2080 s 时段，RCP8.5 情景下最高气温增幅最大，分别为 1.91 ℃和 3.47 ℃。RCP4.5 与 RCP8.5 情景下最高气温增幅均随时间的推移越来越大。

表 5-5　RCPs 排放情景下不同时段最高气温变化特征

情景	基准期 最高气温/℃	各时段最高气温变化值/℃			气候变化率 /(℃/10 a)	离差系数
		2020 s	2050 s	2080 s		
RCP2.6	23.58	0.88	1.04	0.94	0.001	0.50
RCP4.5	23.58	0.80	1.43	1.88	0.180	0.42
RCP8.5	23.58	0.85	1.91	3.47	0.480	0.55

图 5-7 为 RCPs 三种情景下未来三个时段的月平均最高气温与基准期（1968～2005 年）月平均最高气温的对比图。可以看出，未来各时段年内温度分布特征与观测值相同，2～9 月所有情景下所有时段的未来月平均最高气温均比基准期高，尤其是 3～6 月两者差距明显，在 2 ℃左右。其他月份只有 RCP8.5 情景下 2050 s 和 2080 s 时段的月平均最高气温高于基准期，RCP2.6 情景下的 2080 s 时段月平均最高气温要明显低于基准期和其他情景同期最高气温。RCP8.5 情景下的 2080 s 和 2080 时段及 RCP4.5 情景下的 2080 s 时段各月的月平均最高气温均大于基准期。综上，研究区域未来春、夏季节的月平均最高气温呈上升趋势。

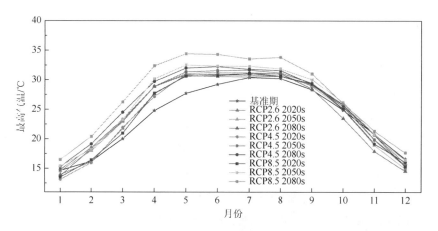

图 5-7　未来气候模式下各时段月平均最高气温与基准期月平均最高气温的对比图

5.3.6　RCPs 情景下未来最低气温预估

图 5-8 展示了 2020～2100 年 RCP2.6、RCP4.5、RCP8.5 三种排放情景下流域年平均最低气温增幅信息。RCP4.5 与 RCP8.5 情景下年平均最低气温均呈现显著上升趋势，其中 RCP4.5 情景上升缓慢，到 21 世纪后期（2080 s）年平均最低气温相对于基准期上升了 1.67 ℃，气候变化率为 0.17 ℃/10 a；RCP8.5 情景年平均最低气温上升趋势显著，21 世纪后期年平均最低气温相对于基准期上升了 3.10 ℃，气候变化率为 0.45 ℃/10 a；RCP2.6 情景下年平均最低气温总体上呈平稳状态，气候变化率为 0.03 ℃/10 a，但 2020～2070 年年平均最低气温呈现缓慢上升趋势，气候变化率为 0.1 ℃/10 a，2070～2100 年年平均最低气温呈缓慢下降趋势，气候变化率为 0.108 ℃/10 a。三种情景下年平均最低气温变化值序列的离差系数分别为 0.40、0.38、0.56，表明研究区域年平均最低气温波动幅度较小，变化趋势较为显著。相对于 1951～2000 年我国平均温度的气候变化率（0.22 ℃/10 a），珠江流域梧州以上区域 RCP4.5 情景下的年平均最低气温气候变化率是其 77%，而 RCP8.5 情景下是其 2.05 倍。与年平均最高气温相同，RCP4.5 情景下年平均最低气温的上升趋势与基准期最接近。

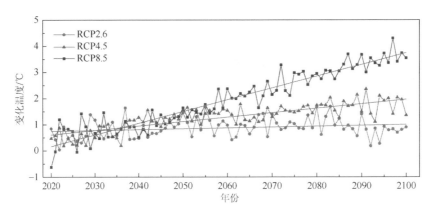

图 5-8　未来各情景下年平均最低气温相对于基准期多年平均最低气温的增幅

由表 5-6 可以看出，RCP2.6、RCP4.5、RCP8.5 三种排放情景下，最低气温相比基准期最低气温均有所上升，RCP4.5 与 RCP8.5 情景下 2080 s 时段最低气温升高值要明显大于 2050 s 时段，而 RCP2.6 情景下 2080 s 时段的最低气温变化值比 2050 s 时段仅大 0.03 ℃，基本可以忽略，这是因为 2070～2100 年该情景最低气温缓慢下降。2020 s 时段 RCP2.6 情景下最低气温增幅最大，为 0.71 ℃，RCP4.5 情景下最低气温增幅最小，为 0.63 ℃。而 2050 s、2080 s 时段均为 RCP8.5 情景最低气温增幅最大，分别为 1.61 ℃和 3.10 ℃，且 RCP8.5 情景 2050 s 时段最低气温增幅与 RCP4.5 情景相当。RCP4.5 与 RCP8.5 情景最低气温增幅在 2020 s 时段差距较小，随时间推移其增值越来越大。

表 5-6　RCPs 排放情景下不同时段最低气温变化特征

情景	基准期最低气温/℃	各时段最低气温变化值/℃			气候变化率/(℃/10 a)	离差系数
		2020 s	2050 s	2080 s		
RCP2.6	15.28	0.71	0.91	0.94	0.03	0.40
RCP4.5	15.28	0.63	1.31	1.67	0.17	0.38
RCP8.5	15.28	0.66	1.61	3.10	0.45	0.56

　　图 5-9 为 RCPs 三种情景下未来三个时段的月平均最低气温与基准期(1968～2005 年)月平均最低气温的对比图。可以看出，各 RCPs 情景下年内月平均最低气温分布趋势与基准期相同；1～8 月除 RCP8.5 情景下 2020 s 时段外其余情景及时段的月平均最低气温均呈上升趋势；9～11 月相反，所有情景及时段的月平均最低气温均小于基准期；RCP8.5 情景 2080 s 时段与 RCP4.5 情景 2050 s 时段的月平均最低气温在 2～9 月一直处于最高值；2～7 月不同情景与不同时段下月平均最低气温的变化范围相对于 8 月～次年 1 月较大。综上，研究区域未来春、夏季节的月平均最低气温会呈上升趋势，秋、冬季节相反，月平均最低气温将会降低。

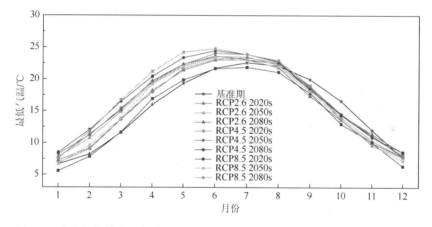

图 5-9　未来气候模式下各时段月平均最低气温与基准期月平均最低气温对比图

5.4　基于 VIC-3L 水文模型的未来出流分析

　　本节在 CanESM2 气候模式 RCPs 情景下将珠江流域预测的 2020～2100 年最高气温、最低气温、降雨量数据输入率定后的 VIC-3L 水文模型中，以分析研究区域在未来气候变化下的水文响应。

　　图 5-10 展示了未来各情景下年径流量相对基准期多年平均流量的年际变化比例。总体上看，各种 RCPs 情景下年径流量相对于基准期多年平均流量（6610 m³/s）均有所减少，流量丰枯年份交替明显、变幅较大，各情景下径流呈现波动稳定趋势，这与相关研究结果相吻合。结合未来降雨趋势与水文模型来看：一方面未来降雨的频率变低、强度变大，使洪水场次减少、洪峰单一，导致未来流量偏小；另一方面，受模型预报洪量误差影响，

洪峰偏小或枯水偏枯，进而影响未来径流的模拟。在 RCP2.6 情景下，未来多年平均径流量相对于基准期减少了 2.9%，年径流量呈现微弱上升趋势，上升速率为 35.1 (m³/s)/10 a，流量波动范围在所有模式中最大，最高值达到 60%；RCP4.5 与 RCP8.5 情景下，未来多年平均径流量相对于基准期分别减少了 8.6% 与 8.1%，均未出现上升或者减少规律，呈波动稳定态势，年径流量波动范围为 –40%～40%。从径流总量来看，变化情景下未来径流与降雨量模拟的相关性较高。

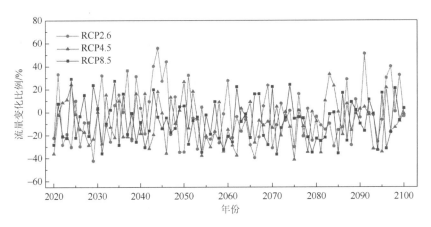

图 5-10　未来各情景下年径流量相对基准期多年平均流量的年际变化比例

由表 5-7 可以看出，除了 RCP2.6 情景下 2080 s 时段的流量值相对于基准期增加了 1.3%，其余情景的流量值相对于基准期均有所减少。所有情景下 2050 s 时段的流量值减少最多，分别减少了 10.3%、11.5%、10.3%；在 2080 s 时段，未来流量相对于 2050 s 时段呈上升趋势。RCP4.5 情景下流量下降最为明显，在 2020 s 与 2050 s 时段未来流量减少比例最高。此外，流量年际波动比例序列的离差系数为 –8.07～–2.07，说明未来流量呈现出非常大的波动性。

表 5-7　RCPs 排放情景下不同时段流量变化特征

情景	基准期流量 /(m³/s)	各时段流量变化比例/%			流量变化比例 （2020～2100 年）/%	离差系数
		2020 s	2050 s	2080 s		
RCP2.6	6610	–4.0	–10.3	1.3	–2.9	–8.07
RCP4.5	6610	–8.3	–11.5	–5.3	–8.6	–2.07
RCP8.5	6610	–6.5	–10.3	–7.1	–8.1	–2.17

图 5-11 为未来气候模式下各时段月平均流量与基准期月平均流量的对比图。可以看出，未来 1 月、2 月、3 月、6 月在各个情景下各个时段的月平均流量高于基准期的月平均流量，尤其在 6 月更为明显，这可能是由未来降雨频率变小、强度增大，未来汛期洪峰比基准期增大导致的；4～5 月、9～12 月未来月平均流量相对于基准期均有不同程度的减少。值得一提的是，在 RCP2.6、RCP4.5、RCP8.5 三种情景下，2020 s 时段月平均流量最

大的月份与基准期相同，均为 7 月，但在未来 2050 s 和 2080 s 时段月平均流量高峰发生了转移，集中在 6 月，说明到 21 世纪中后期 6 月发生洪水事件的概率将会大大增高；三种情景下 2080 s 时段 7～8 月的月平均流量均小于 2020 s 和 2050 s 时段的同期流量，表明 21 世纪后期 7～8 月的月平均流量将会减少。

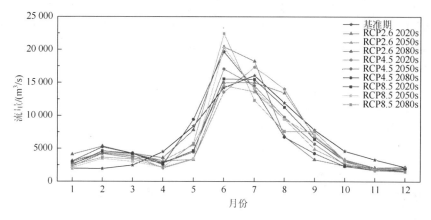

扫一扫 看彩图

图 5-11　未来气候模式下各时段月平均流量与基准期月平均流量的对比图

参 考 文 献

[1]　王国庆，王云璋，史忠海，等. 黄河流域水资源未来变化趋势分析[J]. 地理研究，2001，21（5）：396-400.

[2]　程肖侠，延晓冬. 气候变化对中国大兴安岭森林演替动态的影响[J]. 生态学杂志，2007，26（8）：1277-1284.

[3]　初祁，徐宗学，蒋昕昊. 两种统计降尺度模型在太湖流域的应用对比[J]. 资源科学，2012，34（12）：2323-2336.

[4]　GONZALEZ P，NEILSON R P，LENIHAN J M，et al. Global patterns in the vulnerability of ecosystems to vegetation shifts due to climate change[J]. Global ecology & biogeography，2010，19（6）：755-768.

[5]　VRUGT J A，ROBINSON B A. Treatment of uncertainty using ensemble methods：Comparison of sequential data assimilation and Bayesian model averaging[J]. Water resources research，2007，43（1）：223-228.

[6]　董磊华. 考虑气候模式影响的径流模拟不确定性分析[D]. 武汉：武汉大学，2013.

[7]　JING H S，TANGANG F T，JUNENG L. Evaluation of CMIP5 coupled atmosphere-ocean general circulation models and projection of the Southeast Asian winter monsoon in the 21st century[J]. International journal of climatology，2014，34（9）：2872-2884.

[8]　TAYLOR K E，STOUFFER R J，MEEHL G A. An overview of CMIP5 and the experiment design[J]. Bulletin of the American meteorological society，2012，93（4）：485-498.

[9]　MEINSHAUSEN M，SMITH S J，CALVIN K，et al. The RCP greenhouse gas concentrations and their extensions from 1765 to 2300[J]. Climatic change，2011，109（1/2）：213-241.

[10] 段青云，徐宗学，等. 未来水文气候情景预估及不确定性分析与量化[M]. 北京：科学出版社，2017.

[11] 林榕杰，方国华，郭玉雪，等. RCP 情景下都柳江上游气候变化及径流响应分析[J]. 水资源与水工程学报，2017，1（28）：75-80.

[12] 肖恒，陆桂华，吴志勇，等. 珠江流域未来 30 年洪水对气候变化的响应[J]. 水利学报，2013，44（12）：1409-1419.

[13] WIGLEY T M L, JONES P D, BRIFFA K R, et al. Obtaining sub-grid-scale information from coarse-resolution general circulation model output[J]. Journal of geophysical research atmospheres, 1990, 95（D2）：1943-1953.

[14] 范丽军. 统计降尺度方法的研究及其对中国未来区域气候情景的预估[D]. 北京：中国科学院研究生院（大气物理研究所），2006.

[15] STORCH H V. The global and regional climate system[M]. Berlin Heidelberg：Springer, 1999：3-16.

[16] PRUDHOMME C, DAVIES H. Assessing uncertainties in climate change impact analyses on the river flow regimes in the UK. Part 1：Baseline climate[J]. Climatic change, 2009, 93（1/2）：177-195.

[17] HAY L E, CLARK M P. Use of statistically and dynamically downscaled atmospheric model output for hydrologic simulations in three mountainous basins in the western United States[J]. Journal of hydrology, 2003, 282（1）：56-75.

[18] WILBY R L, DAWSON C W, BARROW E M. A decision support tool for the assessment of regional climate change impacts[J]. Environmental modelling & software, 2002, 17（2）：145-157.

[19] 何旦旦. 基于统计降尺度-SWAT 水文模型的开都河流域未来气候预估与径流模拟[D]. 乌鲁木齐：新疆大学，2018.

[20] 许燕，王世杰，白晓永，等. 基于 SDSM 的珠江中上游气候模拟及未来情景预估[J]. 中国岩溶，2018，37（2）：228-237.

[21] 刘绿柳，姜彤，徐金阁，等. 21 世纪珠江流域水文过程对气候变化的响应[J]. 气候变化研究进展，2012，8（1）：28-34.

[22] 杜尧东，杨红龙，刘蔚琴. 未来 RCPs 情景下珠江流域降水特征的模拟分析[J]. 热带气象学报，2014，30（3）：495-502.

[23] 杨红龙，王炳坤，杜尧东，等. RCPs 情景下珠江流域气候变化预估分析[J]. 热带气象学报，2014，30（3）：503-510.

[24] 唐国利，任国玉. 近百年中国地表气温变化趋势的再分析[J]. 气候与环境研究，2005，10（4）：791-798.

[25] 任国玉，郭军，徐铭志. 近 50 年中国地面气候变化基本特征[J]. 气象学报，2005，63（6）：942-956.

第6章　基于系统动力学模型的需水预测

第 2 章已述及，珠江流域雨量充沛，水资源量仅次于长江，但是其时空分布不均，进入 21 世纪以来，受自然水循环变异、人口增长、城市化进程加快、节水技术发展、经济结构转变等多种因素的综合作用，需水预测系统是一类多因素、多主体的复杂非线性动力系统。在自然环境和社会环境的双重作用下，流域内水资源供需矛盾日益凸显，流域工程型缺水、水污染问题、水资源统一管理已经成为制约珠江流域社会经济发展的重要影响因素。

探明气候变化和人类活动影响下水资源系统需水量的演化趋势与时空格局可以有效指导水资源管理决策，现阶段，广泛应用的需水预测方法有时间序列法、弹性系数法、定额法等。然而，随着社会经济的发展，如政府决策、节水意识等的不断变化，基于历史用水情况的推断无法反映未来用水趋势，而且传统的需水预测方法对数据的长度和规律性要求严格，缺乏物理机制层面的分析。系统动力学法是用于模拟复杂社会经济系统的常用的需水预测方法，其面向反馈结构的建模框架可以较好地反映水资源管理系统固有的复杂性、综合性。

本章针对变化环境下水资源系统工农业用水、生活耗水的特性及其演化趋势，以复杂系统分析和系统科学理论为基础，综合考虑全球气候变化、社会经济发展、自然-社会二元水循环过程等影响因素，辨识影响生活需水、工农业生产耗水、生态需水子系统历史状态和演化过程的关键协变量，推导表征人口、生产总值、节水意识、用水重复率、灌溉面积等关键变量演化规律的定量数学表达式，揭示影响水资源系统需水量的关键社会经济因子的内在变化规律和演化趋势；在此基础上，构建水资源系统状态变量、辅助变量之间的动力学差分、微分方程组，建立变化环境下耦合气候变化和人类活动的社会水文学需水预测系统动力学模型，实现气候变化情境下涵盖不同水资源系统的未来需水量预测。

6.1　系统动力学模型的建模原理

6.1.1　系统动力学概述

美国麻省理工学院的福里斯特教授于 1956 年创建了研究信息反馈系统的新学科——系统动力学。作为认识系统问题和解决系统问题的交叉性、综合性学科，系统动力学解决问题的思想是"凡系统必有结构，系统结构决定系统功能"，根据系统内部组成要素间互为因果的反馈特点，从系统内部结构寻找问题发生的根源。简而言之，系统动力学法是研究社会系统动态行为的计算机仿真方法。该方法以反馈控制为理论基础，以复杂、动态、非线性的系统为研究对象，运用定性与定量相结合的方法，通过对系统结构和功能的分析及信息的反馈来研究复杂系统的演化行为。

　　传统方法通常采用数学方程表达模型结构,但如何建立规范的数学方程始终是未能解决的难题,直到 iThink 问世后才进入构思流图—绘图的建模新阶段。这不仅显著提高了建模效率而且降低了工作难度,使实际操作者能够建立和运用规范的系统动力学模型研究相关问题。系统动力学在经典的功能基础上,增加了以组织-效能为突出特点的模拟,深入系统内部结构,从底层剖析系统的基本骨架,预测系统的随机变化行为,这种模拟适用于解释大尺度系统的复杂波动问题。

　　从系统论观点来看,系统具有以下属性:综合性、逻辑性和范围性。当讨论系统结构时,首先要确定系统界限,才能进一步研究系统内部的具体结构问题[1]。系统界限与环境如图 6-1 所示。

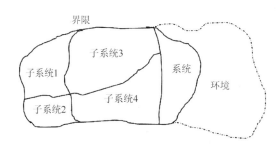

图 6-1　系统界限与环境

　　系统动力学认为,系统内部各部分不是简单的机械运动,而是处于动态变化当中。就系统动力学的研究对象而言,系统动力学分析、研究的内容包罗万象,不同种类的系统,其运行模式与内部规律通常是有区别的。在物理系统的范围内,严格来讲,几乎所有的物理系统都是非线性的,但有些物理系统在特定环境下可以简化为线性定常系统;水资源供需平衡系统也是如此,都是非线性且非定常的,但在特殊条件下可以把某些社会经济生态系统简化成线性定常系统。现实生活中,一切系统都是具有以下几个特点的复杂系统。

　　(1)反直观性:受环境影响,人们的日常生活常涉及一阶负反馈回路。这类回路只含一个重要的状态变量,此类回路为简单回路,简单回路的因果关系总是与时空紧密联系的,然而,若在复杂系统中运用这种简单的因果关系,误差必然较大。复杂回路的因果关系在时间上存在滞后性,在空间上存在异地性。

　　(2)相关性:相关性是系统内部整体与部分、部分与部分、系统与环境之间的普遍联系。这种联系包括物质、运动、信息之间的关系,在复杂系统中,往往存在一因多果、一果多因、多因多果、因果关系环和链等现象,随着对复杂系统研究的深入,以往的单向因果关系的缺陷逐渐凸显,反馈的因果关系是系统动力学常用的因果关系的基本形式,这是对系统相关性认识的进一步探索。

　　(3)相对敏感性:复杂系统并不是绝对的不敏感,而是对个别参数与部分结构的变化十分敏感,即在任何系统中存在对系统行为有较大影响的若干参数和子结构。需要说明的是,系统对某些参数与子结构的敏感通常不明显,需要经过系统动力学法检验才能确定敏感参数或结构。

6.1.2　系统动力学模型的建模步骤

系统动力学模型的建模过程中，需要时刻考虑与实际应用的紧密联系，尽可能收集与该系统及其问题密切相关的资料和统计数据；模型的模拟结果必须做到与被研究区域所实施的政府规划文件的目标值相契合，从底部有层次性、逻辑性地构建模型，将系统动力学的理论方法变成科学决策的有力手段，具体建模流程见图 6-2。

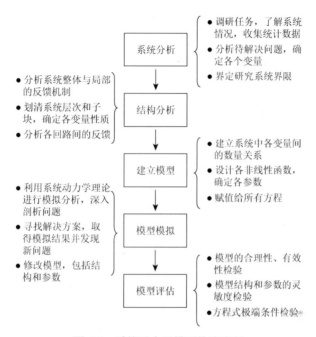

图 6-2　系统动力学模型构建流程

6.1.3　系统动力学变量解释

系统动力学提供了易于理解的建模方式，这种模式集流图、公式、理论逻辑为一体，其主要变量的含义见表 6-1。

表 6-1　系统动力学模型变量解释

变量名	变量符号	变量说明
状态变量	▭	积分量：决定系统行为的变量，随时间变化。当前时刻的值等于过去时刻的值加上当前时间的变化量
速率变量	⋈▶	是直接改变累积变量值的变量，反映了累积变量输入或输出的速度，本质上与辅助变量无区别
常量	—	常数，不随时间变化的变量
辅助变量	—	联系状态变量和速率变量的中间变量，随时间改变
影子变量	< >	表示时间变量或者窗口这种已经存在的变量，无须再进行定义
箭头	⤷	用于连接各个变量

在系统动力学模型中,有三种变量值得关注:状态变量、速率变量和辅助变量[1]。因此,下面对以上三种变量做出概要描述和解释。

(1)状态变量:状态变量是时变积累量,是最终决定系统行为的变量。一个因果链的状态变量具有改变系统整体动力学性质的能力[2],若变量经过因果链的传递改变了它的波形,则可采用状态变量来表示。

(2)速率变量:速率方程通常用来表示速率变量,将系统相关信息通过合适的方式转变成改变系统状态的行动。在系统构思与建模过程中,一个重要的任务就是"必须善于组合各种信息,找出适当的速率变量并用合适的函数来表达"。

(3)辅助变量:在系统动力学模型中,辅助变量没有具体、规定的形式,主要用来揭示系统内部逻辑。在具体使用中,辅助变量原则上可与各种形式的变量随意组合,但相应的结构和函数表现形式需要有明确的物理意义,且与实际系统的原理是一致的。

6.2　需水预测系统动力学模型的建模研究

珠江中上游由梧州水文站以上地区组成,隶属于珠江水资源一级区,以珠江中上游流域为研究对象。根据行政区叠加流域的方法,综合考虑地理环境、气象水文等因素,对珠江中上游地区进行划分:广西壮族自治区除去钦州市、北海市、玉林市和防城港市的大部分地区(统称桂南区)均位于研究区域内;云南省在珠江中上游的市级行政区有昆明市、曲靖市、红河哈尼族彝族自治州、文山壮族苗族自治州、玉溪市部分;贵州省在研究区域内的市级行政区有六盘水市、黔南布依族苗族自治州、安顺市部分和黔东南苗族侗族自治州部分;部分研究区域位于越南谅山。具体见表6-2。

表 6-2　珠江中上游涉及地区及面积比

省份	省内流域面积/km²	省内流域面积占流域面积比例/%	省内流域面积占该省面积比/%
广西壮族自治区	164 626.3	54.1	70.2
云南省	93 115.8	30.6	23.6
贵州省	40 471.9	13.3	23.0
谅山(越南)	6 086.0	2.0	—

需水预测涉及社会、经济及生态等因素,属于系统动力学研究范畴。本节基于2007~2017年珠江中上游地区历史社会经济数据,考虑研究区域的三个主要组成部分(广西壮族自治区、云南省、贵州省),各部分包含生活需水、工业需水、农田灌溉需水三个子系统。在建模过程中,首先从自然、社会两个方面解析工农业用水、生活用水等的外部作用因素,辨识影响水资源子系统基本状态和演化过程的关键协变量,构建影响因子与需水量的网络拓扑结构图和动力学因果回路图,解析自然、社会影响因子协变量和需水系统状态变量的正、负反馈关系;进一步,推导表征人口、生产总值、节水意识、用水重复率、灌溉面积等关键变量演化规律的定量数学表达式,揭示影响水资源系统需水量的关键因子变化规律和演化趋势;在此基础上,构建水资源系统状态变量、辅助变量之间的动力学

差分、微分方程组,建立耦合气候变化和人类活动的社会水文学需水预测系统动力学模型,实现不同水资源系统作用下的未来需水量预测。

6.3　生　活　需　水

6.3.1　影响生活需水的因子辨识

人口规模、生活水平的提高导致居民收入、水价、节水意识提升,以及城镇化进程加快,进而改变了生活需水量[3]。杨亮等[4]认为,人口规模的扩大对水资源损耗的增长具有显著影响。张晓晓等[5]指出,城镇人口每增加 1 万人,城镇居民生活用水量将增加 $20.91 \times 10^4\,\mathrm{m}^3$。此外,城乡居民收入水平与该地区的生活需水量也有密切关系:随着人们消费支出的提高,更多支出将转移到高耗水型消费行业,如伴随居住环境的升级及卫生习惯的改善(人类的意识行为),城市居民用水需求呈边际递增趋势。冯业栋[6]发现,经济因素对居民用水量的影响远超预期;姚远[7]认为,水价、人口及居民人均年收入是决定用水量的重要因素。综上,本节把常住人口、城镇化率、城乡居民收入、节水意识、水价等作为影响生活需水量的重要因素。

6.3.2　生活需水因子模型

1. 马尔萨斯-逻辑回归人口预测模型

作为一种经典的人口预测方法,马尔萨斯-逻辑回归人口预测模型认为人口总数以动态增长率指数增长,具体为

$$\frac{\mathrm{d}P(t)}{\mathrm{d}t} = rP(t) \tag{6-1}$$

化简求解得

$$P(t) = P(t_0)\mathrm{e}^{r(t-t_0)} \tag{6-2}$$

式中: $P(t)$ 为时刻 t 的人口; $P(t_0)$ 为基准期 t_0 的人口; r 为人口自然增长率。

该模型认为人口将持续指数增长,当时间 t 趋于无穷时,人口也趋于无穷。事实上,随着时间的推移,一个地区的空间、食物和生育能力会限制本地区人口的发展,最终该地区人口会趋于稳定,即人口增长存在一个阈值。为解决此问题,人口变化过程进一步用数学公式描述如下:

$$\frac{\mathrm{d}P(t)}{\mathrm{d}t} = rP(t)\left[1 - \frac{P(t)}{P_{\max}}\right] \tag{6-3}$$

求解得

$$P(t) = \frac{P(t_0)\mathrm{e}^{r(t-t_0)}}{1 + P(t_0)[\mathrm{e}^{r(t-t_0)} - 1]/P_{\max}} \tag{6-4}$$

式中：$P_{\max}$ 为人口增长阈值。该模型为马尔萨斯-逻辑回归人口预测模型，本节采用该模型进行区域人口的预测。首先，参考各地区人口规划确定区域人口自然增长率 r；然后，假设不同的人口增长阈值，将人口自然增长率 r、基准期人口数量代入模型获得人口预测值；最后，以人口实际值与预测值拟合最优为准则，确定人口增长阈值 $P_{\max}$。综上，珠江中上游流域涉及广西壮族自治区、云南省、贵州省的人口自然增长率取值分别为8‰、7‰、8‰；人口增长阈值由人口自然增长率加以确定，具体依据为人口自然增长率条件下，人口实际值与模拟值的离差平方和最小，采用式（6-3）对珠江中上游的人口进行模拟，模拟结果及相对误差如图6-3所示。可以看出，云南省和贵州省人口模拟值与实际值的相对误差都在 2%以内，广西壮族自治区模拟值的相对误差略大，但仍在 5%以内。因此，该模型的模拟结果较好，可用于未来人口演化趋势的预测。

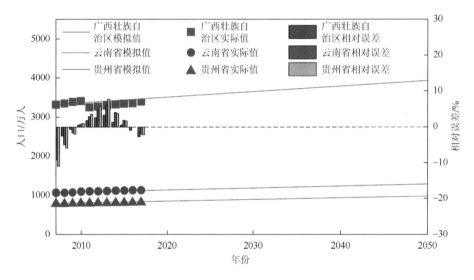

扫一扫 看彩图

图 6-3　珠江中上游流域人口模拟结果及相对误差

2. Logistic 曲线城镇化率预测模型

城镇化率可通过单一指标法（人口城镇化率）和复合指标法（综合城镇化率）来衡量[8]，考虑到仅将城镇化率作为预测生活需水的变量，选择单一指标法来进行衡量。诺瑟姆将城镇化进程概化为一条拉平的 S 形曲线，即在 C_1 为常数的情况下，采用的 Logistic 曲线是向右上倾斜的 S 形曲线，具体表达式如下：

$$\delta = \frac{1}{1+C_1 \mathrm{e}^{-d(t-t_0)}} \tag{6-5}$$

式中：δ 为城镇化率；C_1 为积分常数；d 为待确定参数初始时刻。假设基准期的城镇人口为 U_0，农村人口为 R_0，则 $C_1 = \dfrac{R_0}{U_0}$。

根据 Logistic 曲线估算方法，选择 2007 年为基准期，依据 $C_1 = \dfrac{R_0}{U_0}$ 确定积分常数 C_1；

利用经验值与模拟值的离差平方和最小确定参数 d。采用 Logistic 曲线方程模拟珠江中上游流域各区域城镇化的发展状况。实际值与模拟值结果及两者的相对误差如图 6-4 所示。结果表明，采用 Logistic 曲线预测各省城镇化率时，实际值与模拟值的相对误差较小；其中，广西壮族自治区模拟值的相对误差最小，相对误差在 2% 以内，云南省模拟值的相对误差也较小，贵州省个别年份模拟值的相对误差达到 4%，但总体与实际情况较为吻合。

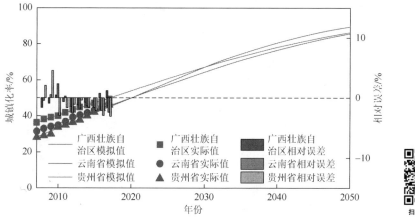

图 6-4　珠江中上游流域城镇化率模拟结果及相对误差

3. 线性回归居民收入预测模型

城镇、农村居民可支配收入预测旨在探讨收入增加对居民生活用水需求的影响，选择线性曲线对城镇、农村居民可支配收入进行模拟，具体模型表述如下：

$$\begin{cases} \mathrm{RPI}_t = \mathrm{RPI}_0 + k_1(t - t_0) \\ \mathrm{UPI}_t = \mathrm{UPI}_0 + k_2(t - t_0) \end{cases} \quad (6\text{-}6)$$

式中：RPI_t、UPI_t 分别为时刻 t 的农村、城镇居民人均可支配收入；RPI_0、UPI_0 分别为研究基准期 t_0 的农村、城镇居民人均可支配收入；k_1、k_2 分别为农村、城镇居民人均可支配收入增长率。

根据式（6-6），采用线性模型建立各省农村及城镇居民可支配收入预测模型，相关计算参数通过最小二乘法确定。运用所建模型对珠江中上游流域各区域城镇化发展状况进行模拟，其模拟值与实际值及两者的相对误差见图 6-5，由图可知，所建模型与实际值拟合效果较好。

4. 居民水价预测模型

理论上认为，商品的需求和价格之间存在一定的关系，美国学者 James 和 Lee 在研究水消费和水价格之间的关系后发现，水价提升会对水需求产生一定的影响[9]。李云鹤等[10] 指出"北京城镇人均年生活用水量与居民生活用水购买力系数（居民可支配收入与生活用水水价之比）关系十分显著"；尹建丽等[11] 研究了南京市居民生活用水需求弹性，发现居民需水量与水价间存在着明显的相关关系。因此，伴随居民收入的不断提高，居民水消费也在不断增长，故有必要考虑未来水价格对水消费的抑制作用。

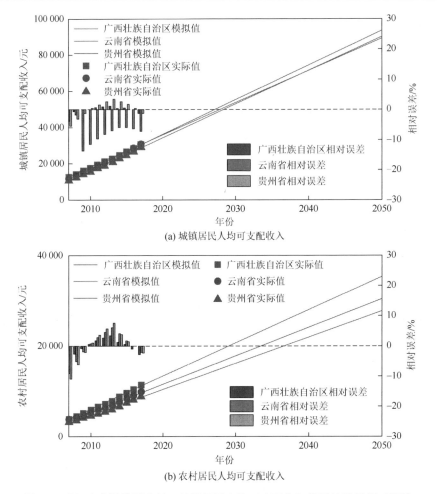

图 6-5　珠江中上游流域农村、城镇居民人均可支配收入模拟结果及相对误差

水价格弹性系数和居民收入弹性系数分别代表水需求量对水价变动和居民收入情况变动的反映程度，即居民收入的单位变动导致的生活用水量的变动量。在只考虑水价格弹性的情况下，可采用式（6-7）描述用水量与水价格之间的关系：

$$E_1' = \frac{\Delta W_{P_1} / W_{P_1}}{\Delta P_1 / P_1} = \frac{\Delta W_{P_1}}{\Delta P_1} \times \frac{P_1}{W_{P_1}} \tag{6-7}$$

当 ΔP_1 很小时，对式（6-7）变形得

$$W_{P_1} = k \times P_1^{E_1'} \tag{6-8}$$

式中：W_{P_1} 为水价为 P_1 时的用水量；k 为常数；P_1 为水价；E_1' 为水需求价格弹性，通常取正值，表示水价上升，水需求量减少。在式（6-8）基础上考虑生活需水的居民收入弹性，居民收入弹性可通过如下关系式计算：

$$E_2 = \frac{\Delta W_{R_1} / W_{R_1}}{\Delta R_1 / R_1} = \frac{\Delta W_{R_1}}{\Delta R_1} \times \frac{R_1}{W_{R_1}} \tag{6-9}$$

式中：W_{R_1} 为人均可支配收为 R_1 时的用水量；R_1 为人均可支配收入；E_2 为水需求收入弹性。

同时考虑水价和居民人均可支配收入时，用水量

$$W_{\text{total}} = k \times P_1^{E_1} \times R_1^{E_2} \tag{6-10}$$

上述生活需水量、水价及居民人均可支配收入间的关系可用图 6-6 进行描述。如曲线 I 所示，在一定的收入水平下，当水价由 P_{11} 上升为 P_{12} 时，生活需水量由 W_{total1} 减少为 W_{total2}。

随着人均可支配收入的增加，曲线向右发生偏移；当居民人均可支配收入由曲线 I 移至曲线 II 时，显然在同样的水价条件下居民能够消费更多的水资源，而水价 P_{12} 不变时生活需水量由 W_{total2} 提高至 W'_{total2}。

各省历史水价均值以该省典型市（县）水价为标准进行计算，其中广西壮族自治区、云南省、贵州省的历史水价均值分别为 2.55 元/m³、3.45 元/m³ 和 2.70 元/m³，以社会经济发展节点 2020 年、2030 年、2050 年为水价变化节点，研究表明"节水效果并非随水价的上升稳定增加，当水价为 3～5 元/m³ 时，节水量呈明显下降趋势"。因此，本节假定各时间分段间的水价增幅为 20%，各省水价如表 6-3 所示。

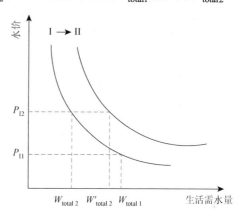

图 6-6　生活需水量与水价、居民人均可支配收入的关系曲线

表 6-3　珠江中上游流域各省水价

水价	2007～2020 年	2021～2030 年	2031～2050 年
广西壮族自治区水价/(元/m³)	2.55	3.06	3.67
云南省水价/(元/m³)	3.45	4.14	4.97
贵州省水价/(元/m³)	2.70	3.24	3.89

5. 节水意识

随着经济的增长，居民生活水平不断提高，对家庭生活用水的需求不断增加，但在节水教育普及大环境下，居民素质不断提高，相应的生活需水量增量会放缓，主要驱动原因如下：①居民家庭节水型器具使用量增加；②培养了好的生活用水习惯（如减少淋浴时间，减少洗涤剂用量）；③合理重复利用生活用水。相对于水价对生活用水量的影响，提高居民节水意识对生活用水量的影响更加明显。因此，本节提出了节水意识数学描述方法来模拟节水意识对生活用水量的影响。

在理想状态下，假设节水意识 $K'(0 \leqslant K' \leqslant 1)$ 呈线性增长趋势，节水意识增长率 θ 保持不变，可用以下数学模型表示：

$$\frac{\mathrm{d}K'}{\mathrm{d}t} = \theta \tag{6-11}$$

在实际生活中，居民节水意识的实际增长过程是非线性的。近年来，居民素质上升明

显，节水意识处于快速提升阶段，但在到达一定程度时上升速度会逐渐放缓，呈现出由快到慢的特征，并逐渐趋近于节水意识上限。基于上述分析，对节水意识数学模型做出如下定义：

$$\frac{\mathrm{d}K'}{\mathrm{d}t} = \theta\frac{M - K'}{M} \tag{6-12}$$

式中：K'为节水意识；θ为节水意识增长率；M为节水意识上限。该方程的物理意义为，节水意识随时间的变化率或增长率为θ，在越接近节水意识上限时，变化率越小，需要乘以系数$M - K'$。为保证所乘系数在 0 和 1 之间，将上述系数修订为$\frac{M - K'}{M}$。具体计算过程如下：

$$\frac{\mathrm{d}K'}{1 - \frac{K'}{M}} = \theta\mathrm{d}t \Rightarrow \frac{M\mathrm{d}K'}{M - K'} = \theta\mathrm{d}t \Rightarrow -M\frac{\mathrm{d}(M - K')}{M - K'} = \theta\mathrm{d}t$$

$$\Rightarrow -M\ln(M - K') = \theta t + C_1 \Rightarrow M - K' = \mathrm{e}^{-\frac{\theta}{M}t - \frac{C_1}{M}} \tag{6-13}$$

$$\Rightarrow K' = M - A'\mathrm{e}^{-\frac{\theta}{M}t}$$

故求解结果为

$$K' = M - A'\mathrm{e}^{-\frac{\theta}{M}t} \tag{6-14}$$

具体确定步骤为：①节水意识上限参数M的确定，M的取值为[0, 1]，首先设$M = 1$；②参数A'的确定，对于基准期，$t = 0$，根据式（6-14），$K' = M - A'$，假设A'的取值在[0, M]，不同的A'值，得到不同的K'值；③将不同的K'、M、A'值代入需水预测模型，与历史需水量拟合误差最小的A'值，即所求。若当$M = 1$时，无法拟合最优，可调整M的值，按照上述步骤重新率定，直到拟合结果较优为止。

每个省份的需水增长趋势、经济发展水平、水资源富集程度不尽相同，导致相应的节水意识模拟结果也存在一定的差异。考虑到节水意识无历史值可供参考，本节以试错法率定节水意识方程的参数值。根据构建的各省节水意识预测模型对珠江中上游进行居民节水意识预测，预测结果如图 6-7 所示。结果表明：广西壮族自治区部分居民的节水意识起点较低，2007 年仅为 0.35，但是增长速度较快，2050 年节水意识已经达到 0.85，超过云南省、贵州省两省；云南省、贵州省节水意识增长曲线类似，2007 年两省节水意识都在 0.4，到 2050 年，两省节水意识都将达到 0.8 左右。从 2007 年到 21 世纪中期，国家综合实力提升迅速，国民素质提升较快，导致节水意识在 2030 年之前增长较快；在 2030 年前后，三个省的节水意识基本达到 0.6 以上，2030 年之后居民节水意识仍在缓慢增长；到 2050 年，各项发展趋于稳定，节水意识总体达到中等偏上水平。

6.3.3　生活需水系统动力学模型

根据建立的马尔萨斯-逻辑回归人口预测模型、Logistic 曲线城镇化率预测模型、线

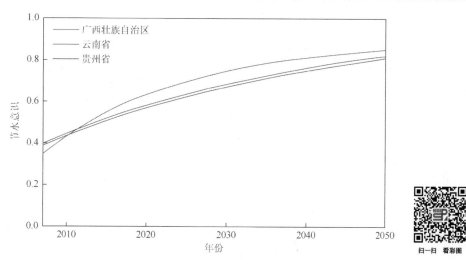

图 6-7　珠江中上游流域节水意识模拟结果

性回归居民收入预测模型、节水意识预测模型。首先预测人口、城镇化率、城镇及农村人均可支配收入、节水意识的未来演化趋势；其次，构建影响生活需水量的社会经济因素因果关系图（图 6-8），建立耦合社会-水文多因素的生活需水系统动力学模型，模型表达式如下：

$$\Delta URWD = UPI^{E_2} \times \Delta URP^{\phi_2} \times P_1^{\varphi_2} \tag{6-15a}$$

$$\Delta RUWD = RPI^{E_2} \times (-\Delta RUP^{\phi_1}) \times P_1^{\varphi_1} \tag{6-15b}$$

$$\Delta DWD = (\Delta URWD + \Delta RUWD)^{K'} \tag{6-15c}$$

$$DWD_t = DWD_{t-1} + \Delta DWD \tag{6-15d}$$

$$\Delta URP = TP_K \times \Delta\delta \tag{6-15e}$$

$$\Delta RUP = \Delta TP_K - \Delta URP \tag{6-15f}$$

式中：$\Delta URWD$、$\Delta RUWD$、ΔDWD 分别为城镇生活需水增量、农村生活需水增量、生活需水总增量；DWD_t 为第 t 年的生活需水量；DWD_{t-1} 为第 $t-1$ 年的生活需水量；UPI 为城镇居民人均可支配收入；RPI 为农村居民人均可支配收入；ΔURP 为城镇人口增加值；ΔRUP 为农村人口增加值；ΔTP_K 为总人口增加值；$\Delta\delta$ 为城镇化率变化值；P_1 为生活用水水价；E_2 为水需求收入弹性；ϕ_1 为农村人口增量调节系数，表示农村人口变化对生活需水的影响程度；ϕ_2 为城镇人口增量调节系数，表示城镇人口变化对生活需水的影响程度；φ_1、φ_2 分别为农村、城镇生活用水水价弹性系数；K' 为节水意识。

　　为进一步解析式（6-15）的物理意义，提取图 6-8 中主要因素对生活需水量的影响关系，如图 6-9（a）所示。历史研究表明，生活需水量与居民生活购买力系数（居民可支配收入与生活用水水价的比值）存在显著相关性。在此基础上，本小节提出了式（6-15a）、式（6-15b），由图 6-9 可知，式（6-15a）和式（6-15b）表征了城镇、农村生活需水增量 $\Delta URWD$ 和 $\Delta RUWD$ 与城镇人口增加值 ΔURP（或城镇化导致的农村人口减少值 ΔRUP）、人均可支配收入（UPI 和 RPI）、生活用水水价 P_1 等多种因素的定量映射关系。由图 6-9（a）可知，人口增量、人均可支配收入与生活需水增量呈正反馈态势，居民水价与生活需水增量

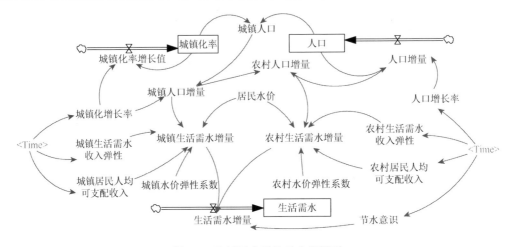

图 6-8　生活需水系统动力学模型

呈负反馈态势。通过式（6-15a）、式（6-15b）可模拟多种因素对生活需水量的综合影响。式（6-15c）表征了生活需水总增量等于城镇生活需水增量加农村生活需水增量，为避免生活需水预测出现偏大趋势，本小节用居民节水意识对城镇、农村生活需水增量进行修正，即节水意识加强，生活需水量增速变缓［图 6-9（b）］，进而得到生活需水总增量。最后，根据式（6-15d）通过第 $t-1$ 年生活需水量预测值和生活需水增量计算第 t 年生活需水量的预测值。

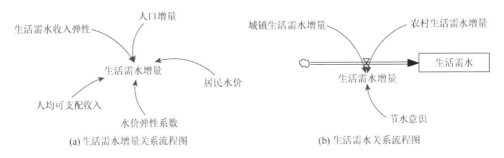

(a) 生活需水增量关系流程图　　　　(b) 生活需水关系流程图

图 6-9　关键表达式流程图

6.3.4　生活需水系统动力学方程

1. 广西壮族自治区生活需水系统动力学方程

（1）广西壮族自治区人口增长率 = WITHLOOKUP([[(2007, 0.002)–(2050, 0.004)], (2007, 0.003 5), (2009, 0.003 5), (2011, 0.003 4), (2013, 0.003 4), (2015, 0.003 3), (2017, 0.003 3), (2020, 0.003 2), (2030, 0.003), (2050, 0.002 6));

（2）广西壮族自治区人口增量 = 广西壮族自治区人口*广西壮族自治区人口增长率；

（3）广西壮族自治区人口 = INTEG（4768，广西壮族自治区人口增量）；

（4）广西壮族自治区城镇化增长率 = WITHLOOKUP([[(2007, 0)–(2050, 0.06)], (2007,

0.045 7), (2009, 0.035 1), (2011, 0.033 6), (2013, 0.032), (2015, 0.030 4), (2017, 0.028 8), (2020, 0.026 4), (2030, 0.018 8), (2050, 0.007 9));

（5）城镇化率增长值 = 广西壮族自治区城镇化增长率*城镇化率；

（6）城镇化率 = INTEG（0.362 3，城镇化率增长值）；

（7）城镇人口 = 城镇化率*广西壮族自治区人口；

（8）城镇人口增量 = 城镇人口*广西壮族自治区城镇化增长率；

（9）农村人口增量 = 广西壮族自治区人口增量 − 城镇人口增量；

（10）广西壮族自治区城镇生活需水收入弹性 = IF THEN ELSE(Time< = 2012, 0.12, IF THEN ELSE(Time< = 2030, 0.118, 0.115));

（11）广西壮族自治区农村生活需水收入弹性 = IF THEN ELSE(Time< = 2012, 0.12, IF THEN ELSE(Time< = 2030, 0.118, 0.115));

（12）广西壮族自治区城镇居民人均可支配收入 = WITHLOOKUP([(2007, 0)–(2050, 200 000)], (2007, 10 957.5), (2009, 14 851.3), (2011, 18 745.1), (2013, 22 638.9), (2015, 26 532.7), (2017, 30 426.5), (2020, 36 267.2), (2030, 55 736.2), (2050, 94 674.2));

（13）广西壮族自治区城镇水价弹性系数 =−0.53；

（14）居民水价 = 2.55；

（15）广西壮族自治区农村水价弹性系数 =−0.2；

（16）广西壮族自治区农村居民人均可支配收入 = WITHLOOKUP([(2007, 0)–(2050, 60 000)], (2007, 2232.15), (2009, 4062.33), (2011, 5892.51), (2013, 7722.69), (2015, 9552.87), (2017, 11 383), (2020, 14 128.3), (2030, 23 279.2), (2050, 41 581));

（17）广西壮族自治区节水意识 = WITHLOOKUP([(2007, 0)–(2050, 1)], (2007, 0.35), (2009, 0.4), (2011, 0.46), (2012.52, 0.5), (2015, 0.55), (2017, 0.59), (2020, 0.63), (2030, 0.75), (2050, 0.85));

（18）广西壮族自治区城镇生活需水增量 = (广西壮族自治区城镇居民人均可支配收入^广西壮族自治区城镇生活需水收入弹性) * (城镇人口增量^0.96) * (居民水价^广西壮族自治区城镇水价弹性系数)*0.000 1；

（19）广西壮族自治区农村生活需水增量 =− (广西壮族自治区农村居民人均可支配收入^广西壮族自治区农村生活需水收入弹性) * ((ABS(农村人口增量)) ^0.92) * (居民水价^广西壮族自治区农村水价弹性系数)*0.000 1；

（20）广西壮族自治区生活需水增量 = (广西壮族自治区城镇生活需水增量 + 广西壮族自治区农村生活需水增量) ^ 广西壮族自治区节水意识；

（21）广西壮族自治区生活需水 = INTEG（35，广西壮族自治区生活需水增量）。

2. 云南省生活需水系统动力学方程

（1）云南省人口增长率 = WITHLOOKUP([(2006, 0)–(2050, 0.008)], (2006.88, 0.006 9), (2009, 0.006 6), (2011, 0.006 5), (2013, 0.006 3), (2015, 0.006 2), (2017, 0.006), (2020, 0.005 8), (2030, 0.005 1), (2050, 0.003 9));

（2）云南省人口增量 = 云南省人口*云南省人口增长率；

（3）云南省人口 = INTEG（4514，云南省人口增量）；

（4）云南省城镇化增长率 = WITHLOOKUP([[(2007, 0)–(2050, 0.04)], (2007, 0.037 9), (2009, 0.037 3), (2011, 0.035 9), (2013, 0.034 4), (2015, 0.032 9), (2017, 0.031 4), (2020, 0.029), (2030, 0.021 4), (2050, 0.009 5));

（5）城镇化率增长值 = 云南省城镇化增长率*城镇化率；

（6）城镇化率 = INTEG（0.316 5，城镇化率增长值）；

（7）城镇人口 = 城镇化率*云南省人口；

（8）城镇人口增量 = 城镇人口*云南省城镇化增长率；

（9）农村人口增量 = 云南省人口增量 – 城镇人口增量；

（10）云南省城镇生活需水收入弹性 = IF THEN ELSE(Time< = 2012, 0.19, IF THEN ELSE(Time< = 2030, 0.188, 0.185))；

（11）云南省农村生活需水收入弹性 = IF THEN ELSE(Time< = 2012, 0.19, IF THEN ELSE(Time< = 2030, 0.188, 0.185))；

（12）云南省城镇居民人均可支配收入 = WITHLOOKUP([[(2007, 0)–(2050, 200 000)], (2007, 8891), (2009, 13 317.8), (2011, 17 744.6), (2013, 22 171.4), (2015, 26 598.2), (2017, 31 025), (2020, 37 665.2), (2030, 59 799.2), (2050, 104 067))；

（13）云南省城镇水价弹性系数 = –0.53；

（14）居民水价 = 3.45；

（15）云南省农村水价弹性系数 = –0.2；

（16）云南省农村居民人均可支配收入 = WITHLOOKUP([[(2007, 0)–(2050, 40 000)], (2007, 1825.85), (2009, 3438.27), (2011, 5050.69), (2013, 6663.11), (2015, 8275.53), (2017, 9887.95), (2020, 12 306.6), (2030, 20 368.7), (2050, 36 492.9))；

（17）云南省节水意识 = WITHLOOKUP([[(2007, 0)–(2050, 1)], (2007, 0.39), (2009, 0.42), (2011, 0.45), (2013, 0.48), (2015, 0.51), (2017, 0.53), (2020, 0.57), (2030, 0.67), (2050, 0.81))；

（18）云南省城镇生活需水增量 = (云南省城镇居民人均可支配收入^云南省城镇生活需水收入弹性)*(城镇人口增量^1.04)*(居民水价^云南省城镇水价弹性系数)*0.000 1；

（19）云南省农村生活需水增量 = –(云南省农村居民人均可支配收入^云南省农村生活需水收入弹性)*((–农村人口增量)^0.97)*(居民水价^云南省农村水价弹性系数)*0.000 1；

（20）云南省生活需水增量 = (云南省城镇生活需水增量 + 云南省农村生活需水增量)^云南省节水意识；

（21）云南省生活需水 = INTEG（19.95，云南省生活需水增量）。

3. 贵州省生活需水系统动力学方程

（1）贵州省人口增长率 = WITHLOOKUP([[(2007, 0) – (2050, 0.01)], (2007, 0.005 9), (2009, 0.005 4), (2011, 0.005 307 71), (2013, 0.005 204 87), (2015, 0.005 102 98), (2017, 0.005 002 08), (2020, 0.004 852 65), (2030, 0.004 372 27), (2050, 0.003 501 61))；

（2）贵州省人口增量 = 贵州省人口*贵州省人口增长率；

（3）贵州省人口 = INTEG（3410，贵州省人口增量）；

（4）贵州省城镇化增长率 = WITHLOOKUP([(2007, 0)–(2050, 0.06)], (2007, 0.029), (2009, 0.051), (2011, 0.048 7), (2013, 0.046 2), (2015, 0.043 7), (2017, 0.041 1), (2020, 0.037 1), (2030, 0.024 4), (2050, 0.007 8));

（5）城镇化率增长值 = 贵州省城镇化增长率*城镇化率；

（6）城镇化率 = INTEG（0.282 5，城镇化率增长值）；

（7）城镇人口 = 城镇化率*贵州省人口；

（8）城镇人口增量 = 城镇人口*贵州省城镇化增长率；

（9）农村人口增量 = 贵州省人口增量 – 城镇人口增量；

（10）贵州省城镇生活需水收入弹性 = IF THEN ELSE(Time＜ = 2012, 0.26, IF THEN ELSE(Time＜ = 2030, 0.25, 0.24));

（11）贵州省农村生活需水收入弹性 = IF THEN ELSE(Time＜ = 2012, 0.26, IF THEN ELSE(Time＜ = 2030, 0.25, 0.24));

（12）贵州省城镇居民人均可支配收入 = WITHLOOKUP([(2007, 0) – (2050, 200 000)], (2007, 7177.5), (2009, 11 571.3), (2011, 15 965.1), (2013, 20 358.9), (2015, 24 752.7), (2017, 29 146.5), (2020, 35 737.2), (2030, 57 706.2), (2050, 101 644));

（13）贵州省城镇水价弹性系数 =–0.53；

（14）居民水价 = 2.7；

（15）贵州省农村水价弹性系数 =–0.21；

（16）贵州省农村居民人均可支配收入 = WITHLOOKUP([(2007, 0) – (2050, 40 000)], (2007, 1363.2), (2009, 2871.12), (2011, 4379.04), (2013, 5886.96), (2015, 7394.88), (2017, 8902.8), (2020, 11 164.7), (2030, 18 704.3), (2050, 33 783.5));

（17）贵州省节水意识 = WITHLOOKUP([(2007, 0) – (2050, 1)], (2007, 0.4), (2009, 0.43), (2011, 0.46), (2012, 0.48), (2013, 0.49), (2015, 0.52), (2017, 0.55), (2020, 0.58), (2030, 0.68), (2050, 0.82));

（18）贵州省城镇生活需水增量 = (贵州省城镇居民人均可支配收入^贵州省城镇生活需水收入弹性)*(城镇人口增量^1.2)*(居民水价^贵州省城镇水价弹性系数)*0.000 1；

（19）贵州省农村生活需水增量 = – (贵州省农村居民人均可支配收入^贵州省农村生活需水收入弹性)*((–农村人口增量)^0.85)*(居民水价^贵州省农村水价弹性系数)*0.000 1；

（20）贵州省生活需水增量 = (贵州省城镇生活需水增量 + 贵州省农村生活需水增量)^贵州省节水意识；

（21）贵州省生活需水 = INTEG（15.5，贵州省生活需水增量）。

6.4　工业需水

6.4.1　影响工业需水的因子辨识

进行工业需水分析时，传统预测方法（如趋势外延法）大多采用回归方法进行预测，不仅对历史资料要求较高，而且假定工业技术和管理水平在一定程度上保持不变，且将科学技术的发展过程视为渐变过程[12]，导致结果精度偏低。为此，在传统的工业万元单位产值计算方法基础上，引入工业用水强度、产业调整系数等变量，全面、具体地考虑影响工业需水的各项因子。理论上，从水量平衡角度出发，工业用水量为

$$Q_{\text{ID}} = Q_{\text{TD}} - Q_{\text{R}} \tag{6-16}$$

式中：Q_{TD} 为在某一工业技术和规模保持不变的情况下的工业总用水量；Q_{R} 为工业生产中的重复用水量；Q_{ID} 为工业用水量。因此，工业用水量不仅与工业增加值 A_{v}、单位增加值用水量 Q' 有关，还与工业用水重复率 w 等因子有关。改进后的工业用水量计算表达式为

$$Q'_{\text{ID}} = f(A_{\text{v}}, Q', X') \tag{6-17}$$

式中：X' 为影响工业用水量的其他相关因素，如人均生产总值、工业用水强度、工业用水重复率、工业增加值、万元工业增加值需水量等。

6.4.2　工业需水因子模型

1. 幂函数工业增加值

工业的经济规模对工业用水量有显著影响，因此，工业用水量与工业增加值关系十分密切[13]，工业增加值是指工业企业在报告期内以货币形式表现出的从事工业生产活动的最终成果，也是国民经济核算的基础指标。1997 年，常明旺[14]在对太原市工业用水进行预测时，发现该市 1980～1994 年工业用水量与工业增加值呈正相关关系；2011 年，佟长福等[15]研究了鄂尔多斯市工业用水变化趋势，建立了与工业增加值有关的工业用水量预测模型；2015 年，张兵兵等[16]在研究工业用水量与工业经济增长的关系时提出，工业水资源利用与工业经济增长之间存在的长期均衡关系对短期变化具有促进作用。综上，本节采用趋势分析法预测未来工业增加值。

本节基于珠江流域广西壮族自治区、云南省、贵州省的工业增加值历史数据（2010～2017 年），分别采用幂函数模型和线性模型对该因子进行拟合。研究表明，幂函数模型和线性模型都能取得较好的模拟结果，但线性模型假定经济增长速率保持不变，导致模拟结果显著偏大；从社会发展过程来看，更倾向于认为经济发展到一定程度后会趋于平稳，因此选择幂函数模型模拟未来工业增加值，各省幂函数模型为

$$\begin{cases} \text{IVA}_{\text{gx}} = 1920 \times (t - 2006)^{0.527\,2} \\ \text{IVA}_{\text{yn}} = 1560.4 \times (t - 2006)^{0.410\,3} \\ \text{IVA}_{\text{gz}} = 760.11 \times (t - 2006)^{0.646\,2} \end{cases} \tag{6-18}$$

式中：IVA_{gx}、IVA_{yn} 和 IVA_{gz} 分别为广西壮族自治区、云南省和贵州省的工业增加值预测值。

由图 6-10 可知：各省经济发展水平存在一定的差异，目前广西壮族自治区工业增加值已超过 6000 亿元，云南省、贵州省工业增加值基本一致，均为 4000 亿元，但贵州省工

业增加值发展趋势更加迅猛；预计到 2050 年，贵州省工业增加值将达到 8000 亿元，云南省工业增加值将达到 7000 亿元。

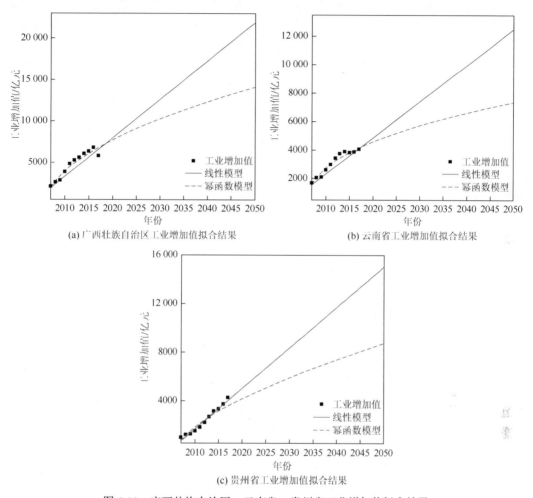

图 6-10 广西壮族自治区、云南省、贵州省工业增加值拟合结果

2. 万元工业增加值需水量

万元工业增加值需水量是工业用水总量与工业增加值之比，可以较为直观地表示工业用水的效率。影响万元工业增加值需水量的因素众多，涉及水资源禀赋和供水、用水结构、用水效率、研究区域经济发展水平及产业结构、生产工艺、节水设施、工业水价等因素[17]。准确地预测万元工业增加值需水量有助于调整产业结构，提高生产工艺水平和节水程度。

为准确预测万元工业增加值需水量，需要对其影响因素进行综合分析，筛选有代表性的影响因子。万元工业增加值需水量常用的预测方法主要有趋势分析法、递减率模型预测法、弹性系数法。其中：趋势分析法是应用最广泛的预测方法，因为万元工业增加值需水量随时间呈现逐年降低的态势，根据这种趋势可以采用多种曲线拟合其相关关系，目前常用的曲线模型包括多项式模型、指数函数模型、幂函数模型、对数函数模型、Logistic 函数模型等;递减率模型预测法与趋势分析法类似,通过预测万元工业增加值需水量的平均年递减率得到万元工业增加值需水量;弹性系数法是在对一个因素的发展变化进行预测的基础上,运用弹性系数对另一个因素的发展变化做出预测。上述模型的预测函数表达式如表 6-4 所示。

表 6-4　万元工业增加值需水量预测方法

模型	表达式
多项式模型	$J(t) = \sum\limits_{i=0}^{n} a_i (t-t_0)^i$
指数函数模型	$J(t) = A_0 \mathrm{e}^{B_0(t-t_0)}$
幂函数模型	$J(t) = A_0 (t-t_0)^{B_0}$
对数函数模型	$J(t) = A_0 \ln(t-t_0) + B_0$
Logistic 函数模型	$J(t) = \dfrac{A_0}{B_0 + \mathrm{e}^{-C_0(t-t_0)}}$
递减率模型	$J(t) = J_0 \times (1-r_0')^{t-t_0}$
弹性系数模型	$J(t) = J_0 \left[k \left(\dfrac{\mathrm{IVA}_t}{\mathrm{IVA}_0} \right)^{\frac{1}{t-t_0}} - k_1 + 1 \right]^{t-t_0}$

表 6-4 中 $J(t)$ 为第 t 年万元工业增加值需水量,a_i、A_0、B_0、C_0 为系数,t_0 为起始年份,r_0' 为万元工业增加值需水量年平均下降率,IVA_t、IVA_0 分别为预测年份和起始年份的工业增加值,J_0 为起始年份的万元工业增加值需水量,k_1 为工业用水量年平均增长率与工业增加值年平均增长率的比值,即弹性系数。

万元工业增加值需水量历史数据表明,各省万元工业增加值需水量均呈下降趋势,其中贵州省下降趋势显著,云南省下降趋势最平稳;截至 2017 年,各省万元工业增加值需水量基本一致。本节采用幂函数模型对各省万元工业增加值需水量进行拟合,万元工业增加值需水量预测模型的表达式为

$$\begin{cases} J_{gx} = 267.79 \times (t-2006)^{-0.510} \\ J_{yn} = 146.96 \times (t-2006)^{-0.387} \\ J_{gz} = 480.60 \times (t-2006)^{-0.767} \end{cases} \quad (6\text{-}19)$$

图 6-11 为万元工业增加值需水量的模拟结果。对 2008～2050 年万元工业增加值需水量进行趋势分析发现,2030 年之前,万元工业增加值需水量下降趋势较为明显,2030～2050 年,年递减率较缓,在一定程度上表明"社会经济发展到一定水平,万元工业增加值需水量的递减幅度将逐渐趋于平稳",同时反映社会经济将从高速发展向中高速发展转变。

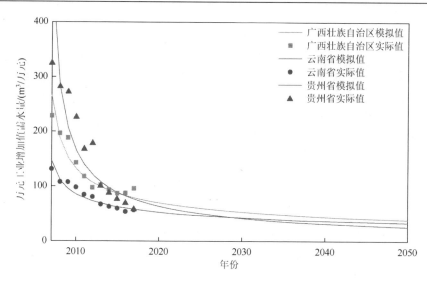

扫一扫　看彩图

图 6-11　广西壮族自治区、云南省、贵州省万元工业增加值需水量拟合结果

3. 人均生产总值

人均生产总值是用来衡量国家经济发展水平的重要指标，人均生产总值的预测方法有直觉比较、时间序列法、增长核算等。还有学者用与我国经济增长逻辑相似的地区和国家的数据所呈现出来的规律来外推我国未来一段时间的经济发展规律[18]，其研究表明我国截至 2040 年实际人均生产总值增速将逐渐下降，实际人均生产总值的增速已经低于模型所给的预测值，这与党的十八大以来，中国经济由高速增长转向高速增长和高质量增长有密切关系；部分学者用差分自回归移动平均（autoregressive integrated moving average，ARIMA）模型进行未来人均生产总值的预测，研究结果发现该模型进行短期预测时能取得较好的预测效果，但是在长期预测过程中往往结果偏大[19-20]，需要对我国未来人均生产总值持保守观点。

本节采用时间序列法预测珠江中上游地区各省的人均生产总值，幂函数模型的表达式为

$$\begin{cases} \text{GDPC}_{gx} = 10\,625 \times (t-2006)^{0.531\,7} \\ \text{GDPC}_{yn} = 8918 \times (t-2006)^{0.520\,6} \\ \text{GDPC}_{gz} = 6107.5 \times (t-2006)^{0.684\,9} \end{cases} \qquad (6\text{-}20)$$

用上述幂函数模型模拟各省人均生产总值的变化趋势，模拟结果如图 6-12 所示。

由图 6-12 可知，未来 30 年间各省人均生产总值仍有较大的上升空间。广西壮族自治区、云南省、贵州省 2050 年人均生产总值将分别达到 79 460.8 元、63 952.7 元、82 759.4 元，其中贵州省经济起点较低但增长最快；广西壮族自治区、云南省模拟效果较好，误差基本在 10% 以下，个别年份误差超过 15%；贵州省误差较大，有 4 年误差超过 15%，且模拟值平均误差为负值，表明模拟值相对偏小。因此，需要结合对我国经济发展趋势的分析来保守预测我国未来人均生产总值。

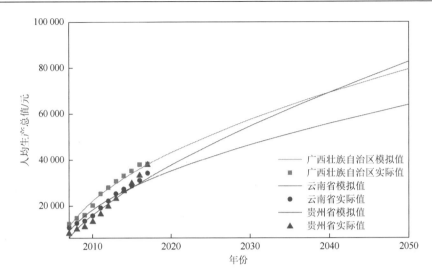

扫一扫 看彩图

图 6-12 广西壮族自治区、云南省、贵州省人均生产总值拟合结果

4. 收入调节系数

工业用水影响因素较多，如果将人均生产总值与工业用水量相联系，会呈现先上升后下降的环境库兹涅茨曲线（environmental Kuznets curve，EKC）特征。2005 年，孙振宇等[21]在对北京市工业用水影响机制的研究中发现，北京市工业用水量与人均生产总值之间呈明显的 EKC 关系；2009 年，王小军等[22]在研究榆林市工业用水规律时指出，榆林市人均生产总值增长与工业用水之间呈 EKC 关系；2016 年，马骏等[23]研究了我国 31 个省份经济发展与用水效率之间的关系，发现其相关曲线呈倒 U 形，建立的工业用水量与人均生产总值之间的计量经济模型为

$$Q_{\mathrm{ID}} = \sum_{i=0}^{2} a_i \mathrm{GDPC}^i \tag{6-21}$$

式中：$a_i\,(i=1,2)$ 为系数；GDPC 为人均生产总值；Q_{ID} 为工业用水量。

一般认为，工业用水量 EKC 的形状为倒 U 形，但是不少研究表明，随着人均收入水平的提升，工业用水量会再次增长，EKC 的形状此时表现为 N 形。Katz[24]研究发现，美国 1960～2005 年 48 个州的工业用水量 EKC 的形状为 N 形；程亮等[25]以山东省工业用水量为例研究了工业用水量 N 形 EKC 的形成机制，研究结果表明，随着工业用水效率逐渐接近极限值，经济规模继续扩张的用水量无法被抵消，此时工业用水量 EKC 的形状由倒 U 形变成 N 形。

由研究区域广西壮族自治区、云南省、贵州省的工业用水量 EKC 的形状发现，2007～2017 年三省份 EKC 的形状均为 N 形，各省 EKC 的形状如图 6-13 所示。

由图 6-13 可知，当人均生产总值不超过 30 000 元时，工业用水量呈现先升后降的趋势，在人均生产总值达到 30 000～35 000 元时，工业用水量出现极小值，随着人均生产总值的进一步提高，工业用水量将再度上涨。为模拟未来工业用水量发展趋势，引入收入调节系数，并假定随人均生产总值的上升，工业规模呈增加趋势，且工业用水量稳定增长；

随后，由于我国经济趋于稳定，工业用水量又将达到极限；接下来，伴随社会经济的进一步发展，工业经济将向高科技产业转型，导致工业用水量再次下降。因此，即未来 30 年间工业用水量呈现先上升后下降的趋势。

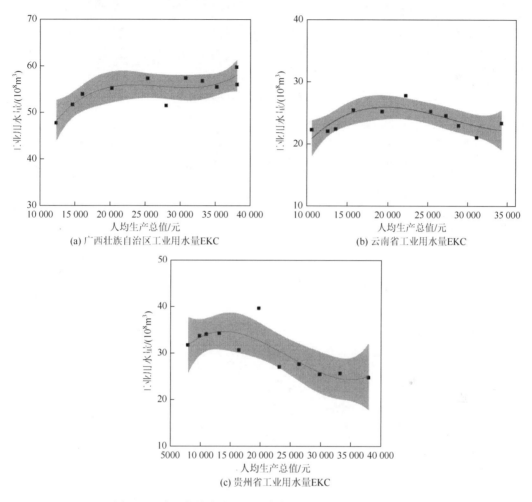

图 6-13 广西壮族自治区、云南省、贵州省工业用水量 EKC

5. 工业用水重复率

工业用水重复率影响着工业用水量的大小。通常随着工业用水重复率的上升，工业用水量会出现一定程度的下降。刘二敏等[26]结合系统动力学和分块预测方法进行工业需水预测时指出，工业用水量的变化与工业产值、工业用水定额及工业用水重复率有关，并将其关系简化为

$$Q_{ID} = q \times N_I \times (1-w) \tag{6-22}$$

式中：Q_{ID} 为工业用水量；q 为工业用水定额；N_I 为工业产值；w 为工业用水重复率。

调查数据表明：我国工业用水重复率与发达国家相比偏低，为 50%~60%。现阶段广西壮族自治区、云南省、贵州省工业用水重复率基本达到了 70%；工业用水重复率随时

间单调递增，但是在不同的经济发展阶段呈现不同的趋势，其增长率总体满足"慢—快—慢"的 S 形曲线变化特征。本节将技术发展作为工业用水重复率提升的主要原因，但是科学技术水平的发展不能迅速提高工业用水重复率，而是经过一段时期的累积达到工业节水的目标。

根据工业用水重复率的演变规律，本节采用三阶信息延迟函数 DELAY3（Vensim 自带函数）模拟工业用水重复率的演变趋势，DELAY3 隐含三个状态变量（三个技术水平提升阶段），函数形式为

$$w = \mathrm{DELAY3}(\mathrm{input}, \mathrm{delaytime})\qquad(6\text{-}23)$$

式中：w 为工业用水重复率；input 为输入值；delaytime 为延迟时间。

运用上述模型模拟珠江中上游流域各省工业用水重复率，设定广西壮族自治区、云南省、贵州省 2007 年工业用水重复率初始值分别为 0.74、0.76、0.7，模拟结果见图 6-14。由图 6-14 可知，预计到 2050 年，各省工业用水重复率分别达到 0.86、0.89、0.80，各省工业用水重复率的增长趋势基本一致，2020～2040 年工业用水重复率增长较快，2040 年后增速逐渐放缓。

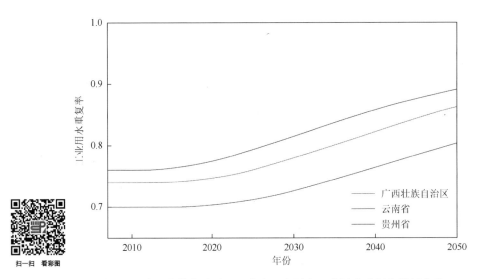

图 6-14　广西壮族自治区、云南省、贵州省工业用水重复率模拟曲线

6. 工业用水强度

工业用水强度是一个与工业结构的调整有直接关系的综合指标，能够间接影响工业用水量的变化。张峰等[27]在研究工业用水强度与环境规制、技术进步之间的非静态变化关系时，用脱钩理论证实了工业用水强度与上述两者之间存在密切关系；2018 年，秦欢欢等[28]在张掖盆地工业需水系统动力学模型中引入了工业用水强度这一指标。仅考虑工业增加值和万元工业增加值需水量指标时，会在一定程度上造成预测结果的偏大趋势，因此，本节引入衡量某地区对工业水资源需求程度的工业用水强度指标，据此建立与人均生产总值、收入调节系数和工业用水重复率有关的工业用水强度指标模型。

人均生产总值、工业用水重复率等指标与工业用水强度呈非线性关系，本节采用对数线性模型模拟工业用水强度指标，具体模型为

$$IWDI = A_{IWDI} + \xi_1 \ln(GDPC) + \xi_2 \ln(1-w) \qquad (6-24)$$

式中：IDWI 为工业用水强度；GDPC 为人均生产总值；w 为工业用水重复率；ξ_1 为收入调节系数；ξ_2 为工业用水重复率调节系数；A_{IWDI} 为待率定参数。

在上述分析基础上，设定经济高速发展模式、中高速发展模式及中速发展模式三种经济发展模式。以高速发展模式为例，2030 年之前经济发展速度较快，科学技术发展带来的节水效果无法抵消工业发展造成的用水量增长，工业用水量进一步上升；2030 年后社会进一步发展，工业产业开始转向高新技术领域，工业用水量逐渐下降。采用上述对数线性模型对研究区域进行工业用水强度指标模拟，各省不同工业发展情境下的模拟结果见图 6-15。

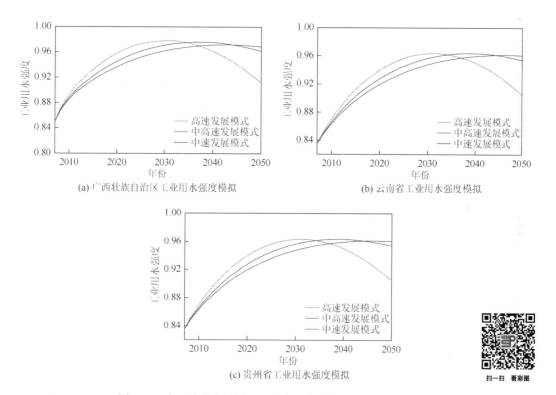

图 6-15　广西壮族自治区、云南省、贵州省工业用水强度模拟

6.4.3　工业需水系统动力学模型

基于幂函数工业增加值预测模型、万元工业增加值需水量预测模型、人均生产总值预测模型及工业用水强度预测模型，预测工业增加值、万元工业增加值需水量及人均生产总值的未来变化趋势，在此基础上，构建影响工业需水因子的因果关系图（图 6-16），依据各变量间的因果关系建立了工业需水系统动力学模型，模型表达式见式（6-25）。

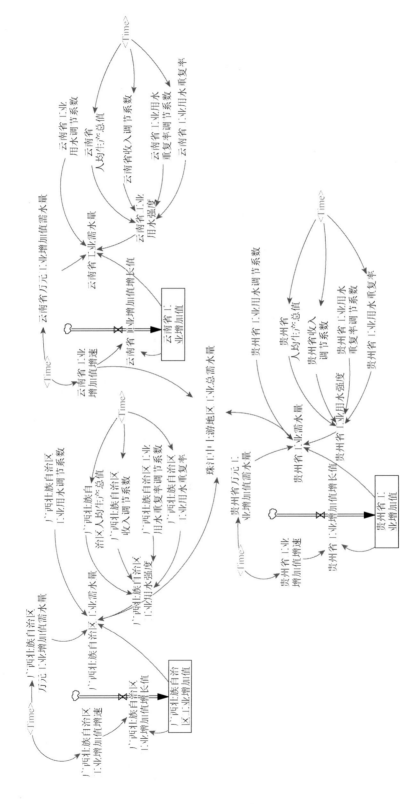

图 6-16 工业需水系统动力学模型

$$J(t) 、\ \text{IVA}(t) 、\ \text{GDPC}(t) = M_0 \mathrm{e}^{m(t-t_0)} \tag{6-25a}$$

$$\xi_1 = \sum_{i=0}^{3} b_i t^i \tag{6-25b}$$

$$w(t) = \text{DELAY3}(\text{input}, \text{delaytime}) \tag{6-25c}$$

$$\text{IWDI}(t) = A_\mathrm{m} + \xi_1 \ln[\text{GDPC}(t)] + \xi_2 \ln[1 - w(t)] \tag{6-25d}$$

$$\text{IWD}(t) = [J(t) \times \text{IVA}(t) \times \text{IWDI}(t)] / \lambda \tag{6-25e}$$

式中：$J(t)$、$\text{IVA}(t)$、$\text{GDPC}(t)$ 分别为万元工业增加值需水量、工业增加值、人均生产总值；A_m、M_0、m 为模型参数；ξ_1 为收入调节系数；ξ_2 为工业用水重复率调节系数；$b_i (i = 1, 2, 3)$ 为 EKC 参数；$w(t)$ 为工业用水重复率；$\text{IWDI}(t)$ 为工业用水强度；$\text{IWD}(t)$ 为工业需水量；λ 为工业用水调节系数，用于减小模型的模拟误差。

6.4.4　工业需水系统动力学方程

（1）广西壮族自治区工业增加值增速 = WITHLOOKUP([(2007, 0) – (2050, 0.6)], (2007, 0.44), (2009, 0.16), (2011, 0.10), (2013, 0.07), (2015, 0.06), (2017, 0.05), (2020, 0.04), (2030, 0.02), (2050, 0.01))；

（2）广西壮族自治区工业增加值增长值 = 广西壮族自治区工业增加值增速*广西壮族自治区工业增加值；

（3）广西壮族自治区工业增加值 = INTEG（1920，广西壮族自治区工业增加值增长值）；

（4）广西壮族自治区万元工业增加值需水量 = WITHLOOKUP([(2007, 0)–(2050, 400)], (2007, 267.79), (2009, 152.92), (2011, 117.85), (2013, 99.26), (2015, 87.32), (2017, 78.83), (2020, 69.71), (2030, 52.95), (2050, 38.87))；

（5）广西壮族自治区人均生产总值 = WITHLOOKUP([(2007, 0) – (2050, 80 000)], (2007, 10 625), (2009, 19 055.2), (2011, 25 001.8), (2013, 29 899.8), (2015, 34 174.3), (2017, 38 022.2), (2020, 43 224), (2030, 57 568.8), (2050, 79 460.8))；

（6）广西壮族自治区收入调节系数 = WITHLOOKUP([(2007, 0.8) – (2050, 1)], (2007, 0.85), (2009, 0.88), (2011, 0.90), (2013, 0.92), (2015, 0.93), (2017, 0.94), (2020, 0.96), (2030, 0.98), (2050, 0.91))；

（7）广西壮族自治区工业用水重复率 = DELAY3(0.74 + STEP(0.21, 2010), 40)；

（8）广西壮族自治区工业用水重复率调节系数 = 1；

（9）广西壮族自治区工业用水强度 = LN(广西壮族自治区人均生产总值)/11.28*广西壮族自治区收入调节系数*0.5 + 广西壮族自治区工业用水重复率调节系数*LN(100 000*(1–广西壮族自治区工业用水重复率))/10.17；

（10）广西壮族自治区工业用水调节系数 = 0.9；

（11）广西壮族自治区工业需水量 = 广西壮族自治区万元工业增加值需水量*广西壮族自治区工业增加值*广西壮族自治区工业用水强度/广西壮族自治区工业用水调节系数；

（12）云南省工业增加值增速＝WITHLOOKUP([(2007, 0) – (2050, 0.6)], (2007, 0.33), (2008, 0.18), (2009, 0.13), (2011, 0.08), (2013, 0.06), (2015, 0.04), (2017, 0.04), (2020, 0.03), (2030, 0.02), (2050, 0.01));

（13）云南省工业增加值增长值＝云南省工业增加值增速*云南省工业增加值；

（14）云南省工业增加值＝INTEG（1560.4，云南省工业增加值增长值）；

（15）云南省万元工业增加值需水量＝WITHLOOKUP([(2007, 0) – (2050, 200)], (2007, 146.96), (2009, 96.06), (2011, 78.83), (2013, 69.21), (2015, 62.79), (2017, 58.10), (2020, 52.92), (2030, 42.96), (2050, 33.98));

（16）云南省人均生产总值＝WITHLOOKUP([(2007, 0) – (2050, 80 000)], (2007, 8918.2), (2009, 15 800.3), (2011, 20 613.9), (2013, 24 560.4), (2015, 27 993.4), (2017, 31 076.1), (2020, 35 233.1), (2030, 46 646.1), (2050, 63 952.7));

（17）云南省收入调节系数＝WITHLOOKUP([(2007, 0.8) – (2050, 1)], (2007, 0.85), (2009, 0.88), (2011, 0.90), (2013, 0.92), (2015, 0.93), (2017, 0.94), (2020, 0.96), (2030, 0.98), (2050, 0.91));

（18）云南省工业用水重复率＝DELAY3(0.76 + STEP(0.18, 2008), 34);

（19）云南省工业用水重复率调节系数＝1；

（20）云南省工业用水强度＝LN(云南省人均生产总值)/11.066*云南省收入调节系数*0.5 + 云南省工业用水重复率调节系数*LN(100 000*(1–云南省工业用水重复率))/10.09;

（21）云南省工业用水调节系数＝0.9；

（22）云南省工业需水量＝云南省万元工业增加值需水量*云南省工业增加值*云南省工业用水强度/云南省工业用水调节系数；

（23）贵州省工业增加值增速＝WITHLOOKUP([(2007, 0) – (2050, 0.6)], (2007, 0.57), (2008, 0.30), (2009, 0.20), (2011, 0.13), (2013, 0.09), (2015, 0.07), (2017, 0.06), (2020, 0.05), (2030, 0.03), (2050, 0.01));

（24）贵州省工业增加值增长值＝贵州省工业增加值增速*贵州省工业增加值；

（25）贵州省工业增加值＝INTEG（760.11，贵州省工业增加值增长值）；

（26）贵州省万元工业增加值需水量＝WITHLOOKUP([(2007, 0) – (2050, 600)], (2007, 480.6), (2009, 206.93), (2011, 139.85), (2013, 108.04), (2015, 89.10), (2017, 76.39), (2020, 63.49), (2030, 41.99), (2050, 26.38));

（27）贵州省人均生产总值　＝WITHLOOKUP([(2007, 0) – (2050, 100 000)], (2007, 6197.5), (2009, 13 152.2), (2011, 18 661.3), (2013, 23 497.6), (2015, 27 911.1), (2017, 32 023.3), (2020, 37 774.6), (2030, 54 641.6), (2050, 82 759.4));

（28）贵州省收入调节系数＝WITHLOOKUP([(2007, 0.8) – (2050, 1)], (2007, 0.85), (2009, 0.88), (2011, 0.90), (2013, 0.92), (2015, 0.93), (2017, 0.94), (2020, 0.96), (2030, 0.98), (2050, 0.91));

（29）贵州省工业用水重复率＝DELAY3(0.7 + STEP(0.2, 2012), 42);

（30）贵州省工业用水重复率调节系数＝1；

（31）贵州省工业用水强度＝LN(贵州省人均生产总值)/11.645*贵州省收入调节系数*0.5 + 贵州省工业用水重复率调节系数*LN(100 000*(1–贵州省工业用水重复率))/10.31;

（32）贵州省工业用水调节系数＝0.92；

（33）贵州省工业需水量 = 贵州省万元工业增加值需水量*贵州省工业增加值*贵州省工业用水强度/贵州省工业用水调节系数；

（34）珠江中上游地区工业总需水量 = 0.702*广西壮族自治区工业需水量 + 0.236*云南省工业需水量 + 0.23*贵州省工业需水量。

6.5　农　业　需　水

农业用水涉及农田灌溉用水、林果地灌溉用水、草地灌溉用水、鱼塘补水和畜牧用水，可以大致划分为农田灌溉用水和林牧渔畜用水。珠江流域农业用水占用水总量的 70%以上，其变化趋势可以明显体现出珠江中上游地区总需水的变化，具有单次使用量高、节水潜力大的特点。广西壮族自治区 2007~2017 年历史农田灌溉需水量占农业需水量的 86%以上，贵州省农田灌溉需水量占农业需水量的 90%以上，因此，本节主要对农田灌溉需水进行研究。

对于农田灌溉需水预测，目前最为常用的方法是定额法，即农田灌溉需水量等于农业灌溉用水定额乘以有效灌溉面积，这种预测方法计算简单、容易理解，但由于农业预测过程受种植结构、灌溉方式、农作物类别等多种动态变化的因素的综合影响，该方法难以解释由物理机制变动引起的农业用水量改变。

本章通过分析农作物需水量的时空变化规律，考虑农作物所处的发育期及不同农作物对水需求的差异来判断农作物的水分亏缺，运用基于用水机理预测的系统动力学法来计算农作物灌溉需水量。基本研究思路是，选取珠江流域内广西壮族自治区、云南省、贵州省具有代表性的农作物种类，利用 Penman-Monteith（P-M）公式估算农作物全生育期的蒸散发量，引入全球气候模式下的预测降雨量，用理论农作物需水量扣除有效降雨量、田间灌溉损耗后得到最终的农作物灌溉需水量。

6.5.1　农作物需水量计算

目前的研究大多利用作物系数[29]和参考作物蒸散发量[30]确定农作物需水量，本节采用作物系数法计算农作物全生育期的需水量。对于某一具体农作物，其全生育期需水量等于该农作物在各个生长发育期的作物系数与同期参考作物蒸散发量的乘积，表达式为

$$(ET_c)_i = K_{ci} \times (ET_0)_i \tag{6-26}$$

式中：$(ET_c)_i$ 为第 i 种农作物全生育期需水量；K_{ci} 为第 i 种农作物不同生育期的作物系数；$(ET_0)_i$ 为第 i 种参考作物蒸散发量。

6.5.2　作物种类

珠江中上游地区的农作物种类依据各省农作物种植面积确定。各省具有代表性的农作物如下：广西壮族自治区部分选择早稻、晚稻、玉米和甘蔗为代表性农作物，云南省部分选择稻谷、小麦、玉米和薯类作物，贵州省部分选择小麦、稻谷、玉米和薯类作物。广西

壮族自治区、云南省、贵州省的代表性农作物种植面积占各自省份种植面积的比例分别为58%、43%、48%。每种农作物种植面积占比如表 6-5 所示，其中数据来源于各省统计局统计年鉴。

表 6-5　珠江中上游流域广西壮族自治区、云南省、贵州省主要农作物种植面积占比

农作物	广西壮族自治区	云南省	贵州省
早稻	14%	—	—
晚稻	19%	—	—
小麦	—	5%	6%
玉米	10%	20%	15%
稻谷	—	7%	14%
甘蔗	15%	—	—
薯类	—	11%	13%

1. 作物系数

作物系数 K_c 反映了农作物本身的生物学特性对农作物需水量的影响，其取值大小与农作物生长发育期、作物类别、地域等因素有关，而且不同农作物的作物系数在不同研究条件下差别较大。珠江中上游流域各省缺乏农作物作物系数的试验资料，因此采用 FAO 推荐的 84 种农作物的标准作物系数，FAO 将全生育期的作物系数变化过程概化为四个阶段：初始生长期、快速发育期、生育中期和成熟期[31]，全生育期作物系数示意图如图 6-17 所示。

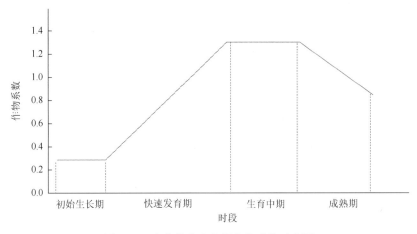

图 6-17　农作物全生育期作物系数示意图

由图 6-17 可知：农作物初始生长期需水量较小；随着农作物进入快速发育期，需水量开始迅速增加；到达生育中期后，需水量达到最大值；等到农作物开始进入成熟期，需水量出现下降趋势。显然，不同农作物在不同生长发育阶段的作物系数不尽相同，根据农作物种类的差异，参考相关资料，对 FAO 的标准作物系数进行修正，珠江中上游流域各省农作物的作物系数 K_c 如表 6-6 所示。在确定代表性农作物种类后，需要根据不同地区每种农作物的种植期，将发育的每个阶段细化到以旬为单位的计量尺度，分别记上述四个阶段的作物系数为 K_{ini}、K_{gr}、K_{mid}、K_{end}。

表 6-6　珠江中上游流域广西壮族自治区、云南省、贵州省主要农作物全生育期作物系数

省份	农作物	初始生长期	快速发育期	生育中期	成熟期
广西壮族自治区	早稻	1.21	1.35	1.31	1.28
	晚稻	1.21	1.28	1.24	1.20
	玉米	0.60	0.90	1.05	0.55
	甘蔗	0.15	0.70	1.15	0.60
云南省	稻谷	1.00	1.14	1.33	1.15
	小麦	0.90	1.13	1.50	1.20
	玉米	0.70	1.10	1.15	0.85
	薯类	0.30	0.98	1.10	0.74
贵州省	稻谷	1.10	1.12	1.60	1.30
	小麦	0.90	1.13	1.51	1.20
	玉米	0.63	1.22	0.90	0.61
	薯类	0.30	0.98	1.10	0.74

2. 参考作物蒸散发量计算

目前参考作物蒸散发量的计算方式主要有 FAO P-M 模型、温度法和辐射法。具体而言：温度法包括 Hargreaves-Samani（H-S）模型、Blaney-Criddle（B-C）模型、Jensen-Haise（J-H）模型和 Thornthwaite 模型；辐射法有 Priestley-Taylor（P-T）模型、FAO 24 Radiation 模型、Makkink（Mak）模型等[32-33]。FAO P-M 模型、B-C 模型、P-T 模型、H-S 模型和 FAO 24 Radiation 模型都是代入相应环境参数（如温度、湿度、风速、日照时间等）通过计算得到参考作物蒸散发量，下面概要介绍几种常用的参考作物蒸散发量的计算公式。

1）FAO P-M 模型

1998 年，FAO 推荐 P-M 公式为计算 ET_0 的标准公式，其前提是假设农作物种植高度为 0.12 m，固定的农作物表面阻力为 70 m/s，反射率为 0.23，模型表达式为[34]

$$ET_0 = \frac{0.408\Delta(R_n - G) + \gamma\frac{900}{T_2 + 273}u_2(e_s - e_a)}{\Delta + \gamma(1 + 0.34u_2)} \tag{6-27}$$

式中：ET_0 为参考作物蒸散发量，mm/d；Δ 为饱和水汽压曲线斜率，kPa/℃；R_n 为地面净辐射，MJ/(m²·d)；G 为土壤热通量，MJ/(m²·d)；γ 为干湿表常数，kPa/℃；T_2 为 2 m 高处日平均气温，℃；u_2 为 2 m 高处风速，m/s；e_s 为饱和水汽压，kPa；e_a 为实际水汽压，kPa。

2）温度法

（1）H-S 模型。

H-S 模型是由 Hargreaves-1985 模型发展而来的，因为该模型的公式形式简洁、参数少，所以被广泛使用[35-36]，模型表达式为

$$\mathrm{ET}_0 = 0.002\,3(T_2 + 17.8)(T_{\max} - T_{\min})^{0.5}\frac{R_a}{\lambda_1} \qquad (6\text{-}28)$$

式中：$T_{\max}$ 为日最高气温，℃；$T_{\min}$ 为日最低气温，℃；R_a 为地面外辐射，MJ/(m²·d)；λ_1 为蒸发潜热（$\lambda_1 = 2.45\mathrm{MJ/kg}$）。

（2）B-C 模型。

B-C 模型由 Blaney 和 Criddle 在 1950 年提出[37]，最先用于估算美国西部地区的农作物需水，后来被广泛应用在美国西部地区的农业需水预测，表达式为

$$\mathrm{ET}_0 = k'p(0.46T_2 + 8.13) \qquad (6\text{-}29)$$

式中：k' 为月尺度水消耗使用系数，经验取值为 0.85；p 为日可照射时数占全年白昼时间的比例。

（3）J-H 模型。

1963 年，Jensen 和 Haise 评估了大量土壤采样蒸散发观测值数据后提出了 J-H 模型[38]，其模型表达式为

$$\mathrm{ET}_0 = 0.87(0.025T_2 - 0.075) \times 0.408\left(0.25 + 0.5\frac{n_1}{N_\mathrm{T}}\right)R_a \qquad (6\text{-}30)$$

式中：n_1 为实际日照时数；N_T 为最大日照时间。

（4）Thornthwaite 模型。

1948 年，Thornthwaite 研究了美国中东部地区的月平均温度与参考作物蒸散发量的关系，得到如下所示的 Thornthwaite 模型[39]：

$$\mathrm{ET}_0 = \frac{16N_\mathrm{T}}{360}\left[\frac{10T_2}{\sum\limits_{k=1}^{12}(0.2T_k)^{1.514}}\right]^{0.016\sum\limits_{k=1}^{12}(0.2T_k)^{1.514}+0.5} \qquad (6\text{-}31)$$

式中：T_k 为第 k 个月的平均气温。

3）辐射法

（1）P-T 模型。

1972 年，Priestley 和 Taylor 在平衡蒸散发量的基础上对 P-M 公式进行了修正，得到了无平流条件下的蒸散发模型[40]，模型表达式为

$$\mathrm{ET}_0 = 1.26\frac{\Delta}{\Delta + \gamma}\frac{R_n - G}{\lambda_1} \qquad (6\text{-}32)$$

（2）FAO 24 Radiation 模型。

该计算方法源自 Mak 公式[41-42]，主要用于只有气温、日照、云量或者辐射等数据，缺乏风速和平均湿度数据的地区，模型表达式为

$$\mathrm{ET}_0 = -0.3 + b_1' \frac{\Delta}{\Delta + \gamma} R_\mathrm{s} \tag{6-33}$$

其中，

$$
\begin{aligned}
b_1' = {}&1.066 - 0.001\,3\mathrm{RH}_{\mathrm{mea}} + 0.045 u_\mathrm{d} - 0.000\,2\mathrm{RH}_{\mathrm{mea}} u_\mathrm{d} \\
& - 0.000\,031\,5\mathrm{RH}_{\mathrm{mea}}^2 - 0.011 u_\mathrm{d}^2
\end{aligned}
\tag{6-34}
$$

式中：$\mathrm{RH}_{\mathrm{mea}}$ 为平均相对湿度，%；u_d 为白天平均风速，m/s；R_s 为短波辐射，MJ/(m²·d)。

（3）Mak 模型。

该模型是 1957 年 Makkink 估算荷兰草地蒸散发时，在对 P-M 公式的验证过程中提出的，模型表达式为

$$\mathrm{ET}_0 = 0.61 \frac{\Delta}{\Delta + \gamma} \frac{R_\mathrm{s}}{\lambda_1} - 0.12 \tag{6-35}$$

3. 农作物全生育期需水量计算模型

本节采用 P-M 模型计算珠江中上游地区的农作物蒸散发量，该公式涉及较多的水文气象数据，各参数参考相关研究工作和各地区的气象资料数据确定，单种农作物全生育期需水量函数为

$$(\mathrm{ETc})_i = K_{\mathrm{ini}} \times (\mathrm{ET}_0)_1 + K_{\mathrm{gr}} \times (\mathrm{ET}_0)_2 + K_{\mathrm{mid}} \times (\mathrm{ET}_0)_3 + K_{\mathrm{end}} \times (\mathrm{ET}_0)_4 \tag{6-36}$$

式中：$(\mathrm{ETc})_i$ 为第 i 种农作物全生育期需水量；$(\mathrm{ET}_0)_i (i = 1,2,3,4)$ 为农作物全生育期不同阶段的参考作物蒸散发量，具体计算依据不同农作物的种植特性，是该阶段生育期所属月份参考作物蒸散发量的累加值；K_{ini}、K_{gr}、K_{mid}、K_{end} 为不同生育阶段的作物系数。珠江流域广西壮族自治区、云南省、贵州省农作物全生育期参考作物蒸散发量需水模型如图 6-18 所示。

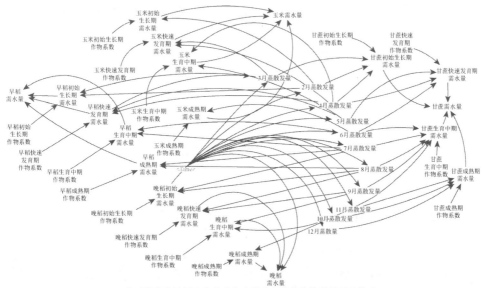

(a) 广西壮族自治区农作物全生育期参考作物蒸散发量需水模型

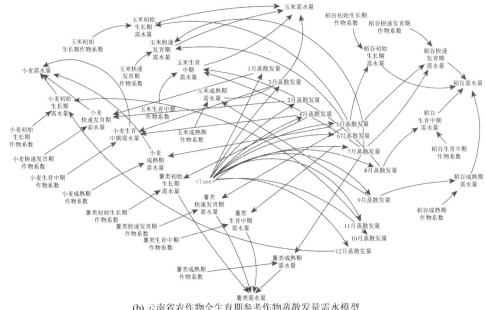

(b) 云南省农作物全生育期参考作物蒸散发量需水模型

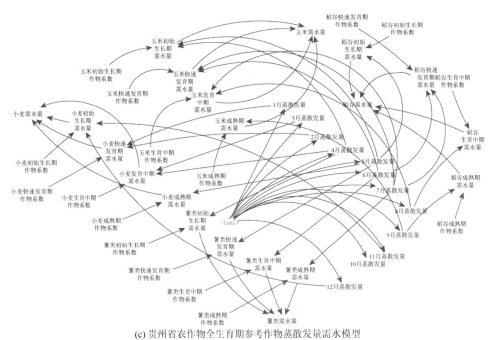

(c) 贵州省农作物全生育期参考作物蒸散发量需水模型

图 6-18　不同省份农作物全生育期参考作物蒸散发量需水模型

6.5.3　有效降雨量计算

农业需水预测部分考虑未来降雨量的影响,未来降雨量采用 SDSM 模拟,具体步骤参见 5.2 节。将 CanESM2 模式下三种排放情景(RCP2.4、RCP4.5、RCP8.5)的大气环流因子数据输入 SDSM 情景发生器中,预测得到珠江中上游地区未来 2020~2050 年的逐日降雨量,累加得到不同排放情景对应的年降雨量。在计算过程中,2007~2018 年年降雨量取自各省气象局官网,2020~2050 年年降雨量采用 RCPs 情景下的预测值(图 6-19)。

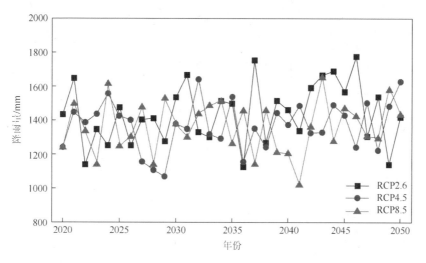

图 6-19　不同排放情景下珠江中上游流域未来年降雨量

由图 6-19 可知:不同排放情景下,珠江中上游流域未来年降雨量总体呈上升趋势,RCP2.6 情景下,年降雨量上升最明显,少数年份年降雨量接近 1800 mm;RCP4.5 和 RCP8.5 情景下,年降雨量变化趋势较为类似,RCP4.5 情景下的年降雨量稍高于 RCP8.5 情景下的年降雨量。在模拟农田灌溉需水时,假设在天然降雨丰富的情景下对农作物需水量进行估算,因此选择 RCP2.6 情景下的模拟降雨量,RCP2.6 情景下 2020~2050 年的十年平均降雨量分别为 1362.96 mm、1339.82 mm、1507.02 mm。2020~2050 年降雨量数值的分布规律如图 6-20 所示,可以看出有 12 年降雨量在 1400 mm 以下,有 13 年降雨量为 1400~1600 mm,有 6 年降雨量在 1600 mm 以上,与该地区多年平均降雨量在 1450 mm 左右相当。

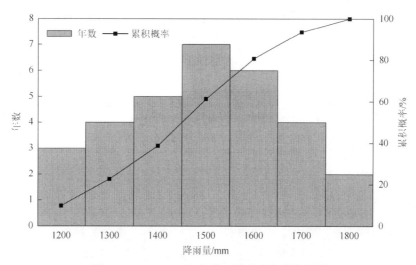

图 6-20　2020~2050 年降雨量分布规律统计图

在计算农田灌溉需水量时需要确定有效年降雨量,在生产实践中,常采用乘以折算系数的方法,表达式如下:

$$P_{\mathrm{a}} = \sigma' P_{\mathrm{r}} \qquad (6\text{-}37)$$

式中:P_{a} 为有效年降雨量,mm;P_{r} 为实际年降雨量,mm;σ' 为年降雨量的有效利用系数,一般根据经验资料进行确定,对于年尺度降雨量,σ' 为

$$\sigma' = \begin{cases} 1, & P_{\mathrm{r}} \leqslant 600 \text{ mm} \\ 0.9, & 600 \text{ mm} < P_{\mathrm{r}} \leqslant 1200 \text{ mm} \\ 0.75, & 1200 \text{ mm} < P_{\mathrm{r}} \leqslant 1800 \text{ mm} \\ 0.7, & P_{\mathrm{r}} > 1800 \text{ mm} \end{cases} \qquad (6\text{-}38)$$

6.5.4 农田灌溉需水量计算

本小节农田灌溉需水量的计算基于农作物需水量,农田灌溉水量平衡方程见式(6-39),根据农田灌溉水量平衡方程及农作物种植面积计算得到研究区域农田灌溉需水量,将农田灌溉需水量除以农田灌溉水利用系数得到毛灌溉需水量。

$$\mathrm{IrrWD} = \left(\Delta W_{\mathrm{AWD}} + \sum_{i=1}^{4} \mathrm{AWD}_{\mathrm{kc}_i} - P_{\mathrm{a}} - G_1 \right) \times D \times 10^{-3} / (\upsilon \times \vartheta) \qquad (6\text{-}39)$$

式中:IrrWD 为农田灌溉需水量;$\mathrm{AWD}_{\mathrm{kc}_i}$ 为第 i 个生育期农作物理论需水量;ΔW_{AWD} 为农作物生育期内土壤水分变化量;G_1 为农作物生育期内地下水补给量;D 为农作物种植面积;υ 为农田灌溉水利用系数;ϑ 为农作物种类折算系数。

在计算研究区域农田灌溉需水量时,考虑研究区域地下水埋深普遍较大且土壤水分变化不显著,故忽略地下水补给量及土壤水分变化量,式(6-39)可简化为

$$\mathrm{IrrWD} = \left(\sum_{i=1}^{4} \mathrm{AWD}_{\mathrm{kc}_i} - P_{\mathrm{a}} \right) \times D \times 10^{-3} / (\upsilon \times \vartheta) \qquad (6\text{-}40)$$

农田灌溉水利用系数 υ 的变化与时间有关,在充分考虑珠江中上游流域内各省的农业发展的情况下,可表达为

$$\upsilon = A_{\upsilon} + \lambda_{\upsilon} \mathrm{e}^{-\lambda_{\upsilon} t} \qquad (6\text{-}41)$$

式中:A_{υ} 为常数;λ_{υ} 为增长系数;t 为时间,以 2007 年为基准年。

6.6 需水预测总体结果和评价

6.6.1 模型误差评估

本节采用历史检验法验证需水预测模型的效果,将模拟值与实际值进行对比,计算两

者的相对误差。珠江中上游各省生活需水误差检验如表 6-7 所示，可以看出，各地区模拟值与实际值比较有偏大趋势，各省生活需水的模拟值的总体误差在 10%以内，个别年份超过该值。原因在于：各地区存在人口突变或者政策变更，生活需水统计资料未能保持同步。因预测期长达 30 年，政策变更等复杂社会形势难以确定，仅能根据历史资料预测得到未来各因素的总体变化趋势，进而获得各省生活需水的发展和演化规律。具体地，珠江流域生活需水总体呈增长趋势，但上升趋势不明显，未来生活需水增量较小，总体趋势平稳。其中，广西壮族自治区生活需水量由 2007 年的 27.08×10^8 m³ 上升到 2050 年的 31.33×10^8 m³；云南省由 4.71×10^8 m³ 上升至 6.18×10^8 m³；贵州省生活需水由 3.57×10^8 m³ 增至 5.55×10^8 m³。

表 6-7　珠江中上游生活需水误差检验

年份	广西壮族自治区			云南省			贵州省		
	实际值/(10^8 m³)	模拟值/(10^8 m³)	误差/%	实际值/(10^8 m³)	模拟值/(10^8 m³)	误差/%	实际值/(10^8 m³)	模拟值/(10^8 m³)	误差/%
2007	27.08	24.57	−9.27	4.71	4.71	0.00	3.57	3.57	0.00
2008	28.06	25.49	−9.16	5.27	4.76	−9.68	3.58	3.62	1.12
2009	26.98	26.26	−2.67	5.56	4.82	−13.31	3.61	3.69	2.22
2010	25.59	26.91	5.16	5.38	4.87	−9.48	3.79	3.76	−0.79
2011	25.65	27.46	7.06	5.77	4.93	−14.56	3.42	3.83	11.99
2012	25.72	27.91	8.51	4.54	4.98	9.69	3.02	3.90	29.14
2013	26.90	28.29	5.17	4.84	5.03	3.93	3.69	3.97	7.59
2014	27.55	28.62	3.88	4.60	5.08	10.43	3.81	4.04	6.04
2015	27.87	28.91	3.73	4.77	5.13	7.55	3.91	4.10	4.86
2016	27.87	29.16	4.63	4.98	5.18	4.02	4.00	4.17	4.25
2017	28.22	29.39	4.15	5.12	5.22	1.95	4.32	4.23	−2.08

工业需水模拟给出了三种发展情景（高速发展情景、中高速发展情景、中速发展情景）下珠江中上游流域广西壮族自治区、云南省、贵州省的工业需水预测误差，见表 6-8。可以看出：在高速发展情景下，广西壮族自治区工业需水模拟结果最好，误差基本在 5%以下，少数年份误差超过 5%；云南省工业需水预测误差较小，三种情景下的误差都在 10%以下，但是高速发展情景下除了 2016 年、2017 年模拟误差较大外，其余年份的高速发展情景的模拟结果优于中高速和低速发展情景，高速发展情景的工业需水预测误差最小；贵州省中速发展情景下的模拟误差明显优于高速发展情景、中高速发展情景下的预测结果。综上，广西壮族自治区、云南省高速发展情景下工业需水预测效果最优，贵州省中速发展情景下的预测结果误差最小。

珠江中上游流域农田灌溉需水量误差检验见表 6-9。由表 6-9 可知，云南省农田灌溉需水量模拟误差最大，广西壮族自治区、贵州省模拟值与实际值的误差基本在 10%以内，模型模拟总体效果较好。

表 6-8　广西壮族自治区、云南省、贵州省工业需水预测误差检验

年份	广西壮族自治区工业发展情景							云南省工业发展情景							贵州省工业发展情景						
	实际值/(10⁸ m³)	高速发展情景 模拟值/(10⁸ m³)	误差/%	中高速发展情景 模拟值/(10⁸ m³)	误差/%	中速发展情景 模拟值/(10⁸ m³)	误差/%	实际值/(10⁸ m³)	高速发展情景 模拟值/(10⁸ m³)	误差/%	中高速发展情景 模拟值/(10⁸ m³)	误差/%	中速发展情景 模拟值/(10⁸ m³)	误差/%	实际值/(10⁸ m³)	高速发展情景 模拟值/(10⁸ m³)	误差/%	中高速发展情景 模拟值/(10⁸ m³)	误差/%	中速发展情景 模拟值/(10⁸ m³)	误差/%
2007	33.6	34.1	1.49	34.1	1.49	34.1	1.49	5.3	5.1	-3.77	5.1	-3.77	5.1	-3.77	7.3	7.6	4.11	7.6	4.11	7.6	4.11
2008	36.3	35.2	-3.03	35.2	-3.03	35.1	-3.31	5.2	5.3	1.92	5.3	1.92	5.3	1.92	7.8	7.1	-8.97	7.1	-8.97	7.1	-8.97
2009	37.9	36.0	-5.01	35.9	-5.28	35.8	-5.54	5.3	5.4	1.89	5.4	1.89	5.4	1.89	7.9	6.9	-12.66	6.9	-12.66	6.9	-12.66
2010	38.8	36.7	-5.41	36.5	-5.93	36.4	-6.19	6.0	5.5	-8.33	5.5	-8.33	5.5	-8.33	7.9	6.8	-13.92	6.8	-13.92	6.7	-15.19
2011	40.2	37.2	-7.46	37.0	-7.96	36.8	-8.46	6.0	5.6	-6.67	5.6	-6.67	5.6	-6.67	7.1	6.7	-5.63	6.6	-7.04	6.6	-7.04
2012	36.1	37.7	4.43	37.4	3.60	37.2	3.05	6.1	5.7	-6.56	5.7	-6.56	5.6	-8.20	6.6	6.6	0.00	6.6	0.00	6.5	-1.51
2013	40.3	38.1	-5.46	37.8	-6.20	37.6	-6.70	6.0	5.8	-3.33	5.7	-5.00	5.7	-5.00	6.2	6.6	6.45	6.5	4.84	6.5	4.84
2014	39.9	38.5	-3.51	38.1	-4.51	37.9	-5.01	5.8	5.8	0.00	5.8	0.00	5.8	0.00	6.4	6.5	1.56	6.4	0.00	6.4	0.00
2015	39.0	38.9	-0.26	38.4	-1.54	38.2	-2.05	5.7	5.9	3.51	5.8	1.75	5.8	1.75	5.9	6.5	10.17	6.4	8.47	6.4	8.47
2016	42.0	39.2	-6.67	38.7	-7.86	38.4	-8.57	5.7	6.0	5.26	5.9	1.75	5.8	1.75	5.9	6.4	8.47	6.4	8.47	6.3	6.78
2017	39.3	39.5	0.51	39.0	-0.76	38.7	-1.53	5.6	6.0	7.14	5.9	5.36	5.9	5.36	5.7	6.4	12.28	6.3	10.53	6.3	10.53

表 6-9　珠江中上游农田灌溉需水量误差检验

年份	广西壮族自治区			云南省			贵州省		
	实际值/(10^8 m^3)	模拟值/(10^8 m^3)	误差/%	实际值/(10^8 m^3)	模拟值/(10^8 m^3)	误差/%	实际值/(10^8 m^3)	模拟值/(10^8 m^3)	误差/%
2007	145.00	144.13	-0.60	42.69	44.25	3.65	20.77	19.05	-8.28
2008	142.01	144.13	1.49	43.19	44.25	2.45	20.18	19.05	-5.60
2009	136.89	143.61	4.91	42.09	44.17	4.94	19.13	19.02	-0.58
2010	135.10	143.09	5.91	41.85	44.09	5.35	19.48	18.99	-2.52
2011	132.93	142.56	7.24	38.64	44.00	13.87	18.20	18.96	4.18
2012	139.50	142.04	1.82	40.32	43.92	8.93	17.38	18.92	8.86
2013	140.34	143.81	2.47	38.23	44.37	16.06	17.38	19.31	11.10
2014	145.40	145.58	0.12	39.39	44.82	13.79	18.43	19.70	6.89
2015	139.67	147.34	5.49	41.16	45.27	9.99	17.85	20.09	12.55
2016	133.12	147.39	10.72	43.82	45.12	2.97	18.32	20.26	10.59
2017	134.59	146.81	9.08	42.33	45.61	7.75	19.72	20.65	4.72

6.6.2　珠江流域未来需水预测

采用所提模型进行珠江中上游地区生活、工业、农业需水预测，2020 年、2030 年、2040 年、2050 年的需水预测结果见表 6-10 和图 6-21，主要结论如下。

表 6-10　珠江中上游流域内未来需水预测值　　　　　　（单位：10^8 m^3）

需水量	2020 年	2030 年	2040 年	2050 年
生活需水量	39.71	41.63	42.78	43.56
工业需水量	52.51	53.69	53	50.62
农业需水量	204.51	200.14	199.27	199.67
总需水量	296.73	295.46	295.05	293.85

（1）生活需水预测结果表明，2020～2030 年生活需水量增加 1.92×10^8 m^3，2030～2050 年生活需水量增加 1.93×10^8 m^3，表明经济发展到一定程度，生活需水量不会随着人口的增加无节制增长，而是受到相关影响因素的制约处于相对稳定状态，如科技发展可以提高水资源利用率，水价提升可以促进节约用水，国民素质提高及节水意识增强在一定程度上可以降低生活需水量，这与我国发展现状和未来规划基本吻合，也与目前发达国家的用水趋势一致。

（2）工业需水预测结果表明，截至 2030 年，工业需水量达到 53.69×10^8 m^3，相比于 2017 年工业需水量增加了 3×10^8 m^3。随着经济的继续发展，该地区工业需水量会出现一定程度的下降，预计到 2050 年重新回到 2007 年的水平，这与经济发展对工业需水量的影响有密切关系：随着经济的发展，工业用水重复率与用水节水技术不断提升，到达一定阶段后工业需水量开始出现下降趋势。

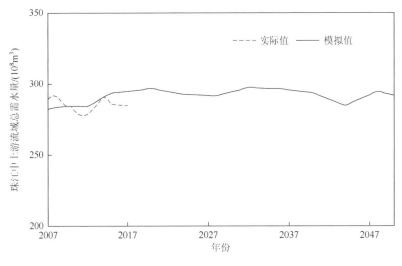

图 6-21　珠江中上游流域总需水量变化

（3）自 2020 年起，农田灌溉需水量呈下降趋势。主要原因在于：农田用水制度和灌溉技术的完善会提升农田灌溉水利用系数，而农作物结构的合理调整会使农作物需水量减少；城镇化的推进导致农村劳动人口减少，农作物种植更趋向于大规模化和集约式管理，有利于节水型农业发展。

（4）2020 年珠江中上游流域内总需水量为 296.73×10^8 m^3。在 2020～2030 年总需水量波动不是很大，基本维持在 295×10^8 m^3 左右。我国在完成工业化和城镇化目标、实现国民经济的稳健提升的同时，还面临人口增长的巨大压力，在未来相当长的时期里，社会经济用水低速稳定增长趋势还将继续。工业需水量、生活需水量有上升趋势，但是农业需水量有明显下降趋势，因而未来珠江流域总需水量情势处于波动变化状态，但整体基本稳定，珠江中上游地区总需水量变化如图 6-21 所示。

参 考 文 献

[1]　张茜. 综合交通运输体系与区域经济的互动分析[D]. 大连：大连理工大学，2009.

[2]　马永亮. 基于系统动力学的崇明岛水资源承载力研究[D]. 上海：华东师范大学，2008.

[3]　何力，刘丹，黄薇. 基于系统动力学的水资源供需系统模拟分析[J]. 人民长江，2010，41（3）：42-45，67.

[4]　杨亮，丁金宏. 城镇化进程中人口因素对水资源消耗的驱动作用分析：以太湖流域为例[J]. 南方人口，2014，29（2）：72-80.

[5]　张晓晓，董锁成，李泽红，等. 宁夏城镇化过程中水资源的利用分析[J]. 河南科学，2015，33（3）：447-452.

[6]　冯业栋. 重庆市水资源现状及节水对策研究[D]. 重庆：重庆大学，2004.

[7]　姚远. 典型小城镇生活用水特性研究及生活用水量预测[D]. 重庆：重庆大学，2006.

[8]　王新娜. 城市化水平衡量方法的比较研究[J]. 开发研究，2010（5）：92-95.

[9]　DENECKERE R，DAN K，LEE R. A model of price leadership based on consumer loyalty[J]. Journal of industrial economics，1992，40（2）：147-156.

[10] 李云鹤, 汪党献. 城镇居民生活用水的需水函数分析和水价节水效果评估[J]. 中国水利水电科学研究院学报, 2008 (2): 156-160.

[11] 尹建丽, 袁汝华. 南京市居民生活用水需求弹性分析[J]. 南水北调与水利科技, 2005 (1): 46-48.

[12] 王建波. 浅议工业用水重复利用率[J]. 中国市场, 2010 (26): 130-131.

[13] 卢正波, 李文义. 青岛市工业需水量预测[J]. 南水北调与水利科技, 2012, 10 (2): 110-112.

[14] 常明旺. 太原市 2010 年前工业用水预测及供需平衡研究[J]. 北京节能, 1997 (6): 9-13.

[15] 佟长福, 史海滨, 李和平, 等. 鄂尔多斯市工业用水变化趋势和需水量预测研究[J]. 干旱区资源与环境, 2011, 25 (1): 148-150.

[16] 张兵兵, 沈满洪. 工业用水与工业经济增长、产业结构变化的关系[J]. 中国人口·资源与环境, 2015, 25 (2): 9-14.

[17] 王振根, 刘建军, 张明月, 等. 万元工业增加值用水量指标预测方法分析[J]. 绿色科技, 2018 (14): 70-73.

[18] 王文, 卞永祖, 刘延洁. 我国人均 GDP 排名变动情况及人均 GDP 预测[J]. 当代金融研究, 2018 (6): 18-38.

[19] 华鹏, 赵学民. ARIMA 模型在广东省 GDP 预测中的应用[J]. 统计与决策, 2010 (12): 166-167.

[20] 任慧. ARIMA 模型在中国人均 GDP 预测中的应用[J]. 科技经济市场, 2018 (11): 63-64.

[21] 孙振宇, 李华友. 北京市工业用水影响机制研究[J]. 环境科学动态, 2005 (4): 63-64.

[22] 王小军, 张建云, 刘九夫, 等. 以榆林市工业用水为例谈西北干旱地区需水管理战略[J]. 中国水利, 2009 (17): 16-19.

[23] 马骏, 颜秉姝. 基于环境库兹涅茨理论的经济发展与用水效率关系形态研究: 来自我国 2002—2013 年 31 个省份面板数据的证据[J]. 审计与经济研究, 2016, 31 (4): 121-128.

[24] KATZ D. Water use and economic growth: Reconsidering the environmental Kuznets curve relationship[J]. Journal of cleaner production, 2015, 88: 205-213.

[25] 程亮, 胡霞, 王宗志, 等. 工业用水 N 型环境库兹涅茨曲线及其形成机制: 以山东省为例[J]. 水科学进展, 2019, 30 (5): 673-681.

[26] 刘二敏, 杨侃, 赵云驰, 等. 系统动力学和分块预测结合方法在工业需水预测中的应用[J]. 中国农村水利水电, 2008 (4): 63-65, 68.

[27] 张峰, 宋晓娜, 薛惠锋, 等. 环境规制、技术进步与工业用水强度的脱钩关系与动态响应[J]. 中国人口·资源与环境, 2017, 27 (11): 193-201.

[28] 秦欢欢, 郑春苗. 基于宏观经济模型和系统动力学的张掖盆地水资源供需研究[J]. 水资源与水工程学报, 2018, 29 (1): 9-17.

[29] 曹永强, 朱明明, 李维佳. 河北省典型区主要作物有效降雨量和需水量特征[J]. 生态学报, 2018, 38 (2): 560-570.

[30] 汪彪, 曾新民, 黄旭. 参考作物蒸散量计算方法的比较[C]//中国气象学会. 创新驱动发展 提高气象灾害防御能力: S6 短期气候预测理论、方法与技术. 南京: 中国气象学会, 2013.

[31] 尹海霞, 张勃, 王亚敏, 等. 黑河流域中游地区近 43 年来农作物需水量的变化趋势分析[J]. 资源科学, 2012, 34 (3): 409-417.

[32] 周彦丽. 作物蒸散量计算模型研究进展[J]. 农业灾害研究, 2019, 9 (4): 79-81.

[33] 吴东，何奇瑾，潘志华，等. 东北春玉米不同生育阶段日蒸散发模型的适用性研究[J]. 中国农业大学学报，2017，22（8）：18-29.

[34] ALLEN R，PEREIRA L，RAES D，et al. Crop evapotranspiration：Guidelines for computing crop water requirements，FAO irrigation and drainage paper 56[J]. FAO，1998，56：300.

[35] 赵永，蔡焕杰，王健，等. Hargreaves 计算参考作物蒸发蒸腾量公式经验系数的确定[J]. 干旱地区农业研究，2004（4）：44-47.

[36] 王斌，付强，张金萍，等. Hargreaves 公式的改进及其在高寒地区的应用[J]. 灌溉排水学报，2011，30（3）：82-85.

[37] XU C Y，SINGH V P. Cross comparison of empirical equations for calculating potential evapotranspiration with data from Switzerland[J]. Water resources management，2002，16（3）：197-219.

[38] TRAJKOVIC S，KOLAKOVIC S. Evaluation of reference evapotranspiration equations under humid conditions[J]. Water resources management，2009，23（14）：3057-3067.

[39] THORNTHWAITE C W. An approach toward a rational classification of climate[J]. Geographic review，1948（38）：55-94.

[40] PRIESTLEY C H，TAYLOR R J. On the assessment of surface heat flux and evaporation using large scale parameters[J]. Monthly weather review，1972，100（2）：81-92.

[41] 孙庆宇，佟玲，张宝忠，等. 参考作物蒸发蒸腾量计算方法在海河流域的适用性[J]. 农业工程学报，2010，26（11）：68-72.

[42] HAUSER V L，GIMON D M，HORIN J D. Draft protocol for controlling contaminated groundwater by phytostabilization[R]. Texas：Air Force Center for Environmental Excellence，1999.

第7章 基于"三条红线"约束的城市水资源优化配置与评价

柳州市位于广西壮族自治区中北部,水资源总量较为丰富,但现状水资源开发利用程度较低,可供水量不能满足柳州市总需水量,而且水资源时空分配不均、水资源短缺、农田灌溉设施不足、水利设施薄弱、农业用水浪费严重、用水效率低、工业用水重复率不高、居民节水意识不够强、水生态破坏等问题严重阻碍了柳州市社会经济的可持续发展。水资源的合理配置是水资源可持续利用的重要举措,在 2011 年中央一号文件中,我国基于以往管理水资源的经验制定了最严格的水资源管理制度,提出了用水总量控制、用水效率控制及水功能区限制纳污控制"三条红线"规定,并提出了水资源水环境承载力要与当地经济发展相适应,从根本上解决水资源存在的问题,促进各用水部门和谐稳定健康发展。

本章通过分析柳州市现状供水能力、供水量、用水量、水资源开发利用程度及用水效率等指标,探究柳州市现状水平年水资源开发利用情况,发现柳州市水资源开发利用存在的主要问题;进一步,基于定额法对柳州市不同规划水平年、不同降雨保证率下各部门的需水量进行预测,基于水资源开发利用现状与水利工程规划对规划水平年可供水量进行预测。针对预测成果,分析柳州市规划水平年供需平衡关系,计算各子区不同降雨保证率条件下的缺水率和结果准确性;解析"三条红线"和水资源优化配置模型之间的关系,并将"三条红线"指标作为约束条件应用于水资源优化配置模型,通过 Pareto 最优解法求解柳州市不同规划水平年水资源优化配置问题,选取 100 个非劣解作为模型配置方案集进行分析。最后,基于层次分析法和变异系数法综合赋权确定指标权重,运用逼近理想解算法(technique for order preference by similarity to an ideal solution,TOPSIS)和灰色关联分析法建立水资源优化配置方案综合评价模型,运用综合评价模型对 100 个配置方案进行遴选,得到柳州市不同子区、不同用水部门的配水量,并分别从缺水、供用水结构、目标值三方面对方案结果进行分析。

7.1 柳州市概况

7.1.1 自然地理概况

柳州市位于北纬 23°54′~26°03′,东经 108°32′~110°28′[1],在广西壮族自治区中北部,东邻桂林市,西接河池市,南壤来宾市,总面积为 18 618 km²。全市下辖五个区(城中区、鱼峰区、柳南区、柳北区、柳江区)、三个县(柳城县、鹿寨县、融安县)、两个自治县(融水苗族自治县和三江侗族自治县,以下简称融水县和三江县)[1]。考虑到城区属于同一水资源四级子区和同一供水系统,故合并为市城区[1]。因此,研究区域按照行政区域划分为市城区、柳城县、鹿寨县、融安县、融水县和三江县六个区域。

柳州市多年平均年降雨量为 1745 mm,多年平均年降雨总量为 325.1×10^8 m³,多年平均水资源总量为 191.95×10^8 m³。根据第一次全国水利普查的成果,柳州市内集水面积在 50 km² 以上的河流有 127 条,在 1000 km² 以上的河流有 10 条。水系多呈树状分布,其境内河流属于珠江流域西江水系,包括红水河和柳江两条一级支流。其中,红水河在柳州市境内的面积约占全市总面积的 5%,集水面积为 928 km²;柳江在柳州市境内的面积约占全市总面积的 95%,集水面积为 58 398 km²,多年平均流量为 1280 m³/s,多年平均年径流总量为 404×10^8 m³。因为柳州市内的最大河流是柳江,所以柳州市总体上属于柳江流域。

7.1.2　社会经济概况

根据广西壮族自治区柳州市人民政府门户网站和《柳州统计年鉴 2019》数据可知,全市总面积为 18 618 km²,其中市区面积 3554.03 km²。2018 年末,柳州市户籍总人口达到 390.47 万人,其中常住人口 404.17 万人,常住人口城镇化率为 64.74%,户籍人口城镇化率为 49.95%。全年出生人口 5.52 万人,死亡人口 2.16 万人,人口出生率为 14.21‰,人口死亡率为 5.44‰。2018 年全市地区生产总值为 3053.65 亿元。其中,第一产业、第二产业、第三产业增加值分别为 195.00 亿元、1608.66 亿元、1249.99 亿元,增长率分别为 4.9%、2.6%、11.9%。从产业结构上看,第一产业、第二产业、第三产业增加值分别占全市地区生产总值的 6.39%、52.68% 和 40.93%。

7.1.3　水资源开发利用情况分析

1. 现状供水工程与供水能力

研究区域供水工程由地表水源、地下水源及其他水源三部分构成。

1)地表水源供水工程

根据《柳州市水资源公报 2018》,柳州市已建各类水利工程 11.90 万处。其中:水库工程 313 座,水库总库容为 5.65×10^8 m³,按工程规模划分,大型水库 11 座,小型水库 302 座;塘坝工程 1311 处,窑池工程 2635 处;水电站工程 134 处,装机容量为 93.5×10^4 kW,发电量为 30.7×10^8 kW·h;水闸工程 120 座,灌溉工程 48 处,城乡人饮工程 9.5 万处。柳州市 2018 年已建地表水源供水工程总水量为 19.43×10^8 m³,全年蓄水工程供水量为 18 991 $\times 10^4$ m³,蓄水、引水、提水工程供水总量为 57 467 $\times 10^4$ m³。

2)地下水源供水工程

地下水源供水包括浅层地下水供水和深层地下水供水两部分,主要是浅层地下水供水。根据《柳州市水资源公报 2018》,柳州市截至 2018 年已累积建成各类机电井 1.79 万眼,泵站工程 1059 座,地下水源供水工程总供水量为 1.37×10^8 m³。

3）其他水源供水工程

其他水源供水量主要包括污水处理回用量和雨水利用量。目前，柳州市其他水源供水工程主要为雨水集蓄利用工程，2018 年其他水源供水量为 $0.37 \times 10^8 \, m^3$。

2. 现状供用水量分析

1）供水量分析

供水量是指各种供水工程提供的总供水量（含输水损失）。根据《柳州市水资源公报 2018》，2018 年柳州市总供水量为 $21.17 \times 10^8 \, m^3$，其中地表水源供水量为 $19.43 \times 10^8 \, m^3$，占总供水量的 91.8%；浅层地下水供水量为 $1.37 \times 10^8 \, m^3$，占总供水量的 6.5%；其他水源供水量为 $0.37 \times 10^8 \, m^3$，占总供水量的 1.7%，详见图 7-1（a）。地表水源供水工程主要包括蓄水工程、引水工程、提水工程三种工程，其中，蓄水工程供水量为 $4.218 \times 10^8 \, m^3$，引水工程供水量为 $5.105 \times 10^8 \, m^3$，提水工程供水量为 $10.062 \times 10^8 \, m^3$，非工程供水量为 $0.045 \times 10^8 \, m^3$，分别占地表水源供水工程的 21.71%、26.27%、51.79%、0.23%，具体见图 7-1（b）。

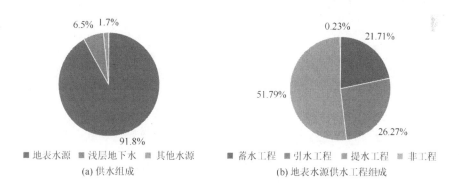

图 7-1　柳州市 2018 年供水组成结构图

根据《柳州市水资源公报 2018》，按照行政区域划分，市城区全年供水量为 $9.682 \times 10^8 \, m^3$，柳城县为 $2.770 \times 10^8 \, m^3$，鹿寨县为 $3.111 \times 10^8 \, m^3$，融安县为 $2.027 \times 10^8 \, m^3$，融水县为 $2.204 \times 10^8 \, m^3$，三江县为 $1.376 \times 10^8 \, m^3$，研究区域现状供水量见表 7-1。

表 7-1　柳州市 2018 年各子区供水量统计表　　（单位：$10^8 \, m^3$）

行政子区	供水量			
	合计	地表水源	地下水源	其他水源
市城区	9.682	8.992	0.47	0.22
柳城县	2.770	2.550	0.19	0.03
鹿寨县	3.111	2.871	0.21	0.03
融安县	2.027	1.837	0.16	0.03
融水县	2.204	2.004	0.17	0.03
三江县	1.376	1.176	0.17	0.03
全市	21.170	19.430	1.37	0.37

根据《广西统计年鉴 2006》~《广西统计年鉴 2019》，获得柳州市 2005~2018 年供水量数据，受到降雨量、供水工程的影响，年际供水量存在一定的变化。通过对供水量数据的分析可知，供水量基本稳定在 23×10^8 m^3 左右，供水工程具体分为地表水源供水工程、地下水源供水工程及其他水源供水工程三部分，供水结构变化不大，以地表水源为主。

2）用水量分析

用水量是指分配给用水部门的包括输水损失在内的毛用水量。根据《柳州市水资源公报 2018》，2018 年柳州市用水量为 21.327×10^8 m^3，其中农田灌溉用水量为 11.816×10^8 m^3，占总用水量的 55.4%；工业用水量为 4.598×10^8 m^3，占总用水量的 21.6%；居民生活用水量为 2.544×10^8 m^3，占总用水量的 11.9%；城镇公共用水量为 1.286×10^8 m^3，占总用水量的 6%；林牧渔畜用水量为 0.879×10^8 m^3，占总用水量的 4.1%；生态环境用水量为 0.204×10^8 m^3，占总用水量的 1%，具体见图 7-2。

图 7-2　柳州市 2018 年用水组成结构图

扫一扫　看彩图

根据《柳州市水资源公报 2018》，按照行政区域划分，市城区全年用水量为 9.682×10^8 m^3，柳城县为 2.770×10^8 m^3，鹿寨县为 3.268×10^8 m^3，融安县为 2.027×10^8 m^3，融水县为 2.204×10^8 m^3，三江县为 1.376×10^8 m^3。柳州市行政子区现状用水量见表 7-2，用水组成见图 7-3。

表 7-2　柳州市 2018 年各子区用水量统计表　　　　　　（单位：10^8 m^3）

行政子区	用水量						
	合计	农田灌溉	林牧渔畜	工业	城镇公共	居民生活	生态环境
市城区	9.682	3.081	0.241	3.736	0.893	1.603	0.128
柳城县	2.770	2.120	0.163	0.208	0.054	0.207	0.018
鹿寨县	3.268	2.369	0.156	0.345	0.190	0.190	0.018
融安县	2.027	1.582	0.098	0.117	0.053	0.161	0.016
融水县	2.204	1.587	0.173	0.157	0.047	0.226	0.014
三江县	1.376	1.077	0.048	0.035	0.049	0.157	0.010
全市	21.327	11.816	0.879	4.598	1.286	2.544	0.204

根据《广西统计年鉴 2006》~《广西统计年鉴 2019》，获得柳州市 2005~2018 年用水量数据。通过对柳州市各部门用水量数据的分析可知，柳州市用水结构不断发生变化，建筑业和服务行业用水量呈增长趋势，林牧渔畜用水量呈下降趋势，工业用水和农田灌溉用水变化不大，相对稳定。

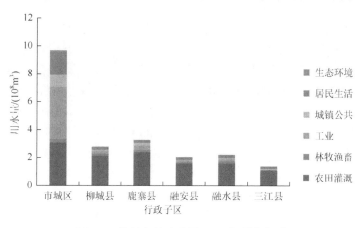

图 7-3　柳州市行政子区 2018 年用水组成

3. 用水效率分析

1）现状用水效率

根据《柳州市水资源公报 2018》，2018 年柳州市用水指标如下：全市人均综合用水量为 523.79 m³，万元地区生产总值用水量为 68.70 m³，万元工业增加值用水量为 31.61 m³，农田灌溉亩均用水量为 673.33 m³，城镇居民生活用水量为 192 L/d，农村居民生活用水量为 137 L/d。与广西壮族自治区用水指标相比，柳州市人均综合用水量、万元地区生产总值用水量、万元工业增加值用水量、农田灌溉亩均用水量和城镇居民生活用水量偏低，农村居民生活用水量指标稍高。柳州市 2018 年主要用水效率指标见表 7-3。

表 7-3　柳州市 2018 年各子区主要用水效率指标统计表　　　　（单位：m³）

行政子区	人均水资源量	人均综合用水量	万元地区生产总值用水量	万元工业增加值用水量	农田灌溉亩均用水量
市城区	1044.43	425.96	38.95	26.99	683.91
柳城县	4370.65	741.83	181.46	49.62	703.38
鹿寨县	4585.45	877.33	167.75	44.85	690.87
融安县	6007.92	668.76	242.00	45.70	613.65
融水县	8605.42	519.20	194.32	48.14	671.04
三江县	6585.76	439.48	229.60	77.78	649.58
全市	3258.53	523.79	68.70	31.61	673.33

2）预期用水效率

自从 2011 年中央一号文件明确提出实行最严格的水资源管理制度后，柳州市各类节水工程建设和节水措施实施使得各行业节水效率得到明显提高，节水型社会建设初见效果。但是，目前柳州市主要行业的用水效率与相关节水规范、节水型社会的总体要求仍存在一定的差距，有待进一步提高，具体如下。

（1）农业用水效率：柳州市农业灌溉工程多建于 20 世纪 50～70 年代末，配套体系不完善，加上运行设备老损，使得农田灌溉水有效利用系数偏低，与《节水灌溉工程技术标准》（GB/T 50363—2018）要求的农田灌溉水有效利用系数为 0.5～0.9 尚有一定差距。

根据《广西"十三五"水资源消耗总量和强度双控行动方案》，2020 年柳州市农田灌溉水有效利用系数应提高到 0.502 以上。广西壮族自治区人民政府提出到 2030 年广西壮族自治区全区农田灌溉水有效利用系数将达到 0.60 以上。根据《柳州市"十三五"水资源消耗总量和强度双控行动实施方案》，预计到 2030 年柳州市农田灌溉水有效利用系数将逐步提高到 0.60。

（2）工业用水效率：2018 年柳州市万元工业增加值用水量为 32 m³，低于广西壮族自治区万元工业增加值用水量 76 m³，在全省属于偏上的水平。但是，柳州市内各企业节水水平参差不齐，大型企业节水设备齐全，投资大，节水效益高；小型企业投入不足，技术工艺较差，节水效益偏低，有待增强。

根据《柳州市"十三五"水资源消耗总量和强度双控行动实施方案》，到 2020 年柳州市万元地区生产总值用水量比 2015 年下降 35.3%，约为 64.3 m³/万元，万元工业增加值用水量比 2015 年下降 18%，约为 31 m³/万元；预计到 2030 年万元地区生产总值用水量比 2020 年下降 42.3%，约为 37.1 m³/万元，万元工业增加值用水量比 2020 年下降 29%，约为 22 m³/万元。

4. 水资源开发利用程度分析

水资源开发利用程度用水资源开发利用率来表示。水资源开发利用率是指各县级行政区现状已开发利用水资源量与本地水资源总量之比。柳州市 2018 年各县级行政区水资源开发利用率见表 7-4。

表 7-4　柳州市 2018 年各子区水资源开发利用率

行政子区	水资源总量/(10⁸ m³)	已开发利用水资源量/(10⁸ m³)	水资源开发利用率/%
市城区	23.74	9.682	40.78
柳城县	16.32	2.770	16.97
鹿寨县	16.26	3.111	19.13
融安县	18.21	2.027	11.13
融水县	36.53	2.204	6.03
三江县	20.62	1.376	6.67
全市	131.68	21.170	16.08

从表 7-4 可以看出，柳州市水资源储存量丰富，可开发利用量大，但目前柳州市水资源开发利用率普遍较低，与市城区水资源开发利用率相比，柳州市其余各县级行政区水资源开发利用程度较低，具有较大上升潜力。

7.1.4　现状水资源开发利用存在的主要问题

通过分析可知，研究区域现状水资源开发利用存在以下急需进一步研究和解决的问题。

（1）水资源供需矛盾日益突出，急需缓解。

随着柳州市经济社会的高速发展，其用水量将会急剧增加，供需将会失衡。因此，必须未雨绸缪，在保证基本生活的条件下调整产业结构，合理配置有限的水资源，力争在缺水量最小的情况下取得最大的综合效益。

（2）用水效率不高，节水体制有待完善。

农业灌溉设施不足，水利设施薄弱，农业用水浪费严重，水利用率低；工业用水重复率不高；居民节水意识不够强，生活用水浪费现象比较普遍，与节水型社会建设存在一定的差距，节水潜力较大。

（3）水污染问题仍然存在，水生态环境有待进一步改善。

伴随着城市化水平的逐渐提高，工业废水和生活污水不断增加，落后的污水处理设备将会使区域内河流受到不同程度的污染，恶化水环境质量。部分地区由于人类开采力度大、资金投入及宣传保护力度不足等，水生态系统遭到破坏。

7.2 水资源需水量预测与供水量预测

需水量预测与供水量预测是水资源优化配置的前提条件，是水资源优化配置的基础，故需水量预测与供水量预测在水资源优化配置中起着十分重要的作用。本节以 2018 年为现状水平年，以 2020 年为近期规划水平年（本研究于 2020 年初进行），以 2030 年为远期规划水平年，对柳州市的需水与供水情况进行预测分析。基于预测结果，对柳州市规划水平年供需平衡进行分析和讨论，具体流程见图 7-4。

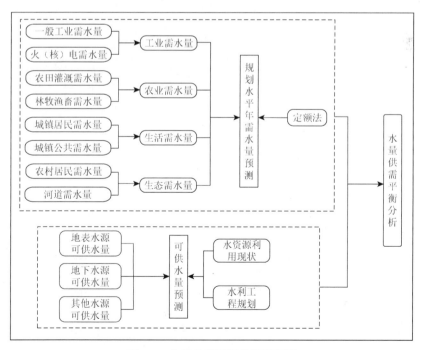

图 7-4 水量供需平衡分析流程图

7.2.1 需水量预测

以现状用水量为基础，结合经济、人口等指标的发展特征，对规划水平年各部门需水量进行预测。按照需水部门的不同，需水量预测具体分为生活、工业、农业和生态四个方面。目前需水量预测常用的方法有很多，如定额法、回归分析法、灰色预测法、神经网络法、系统动力学法等，不同预测方法的适用范围、预测精度、预测时长及预测的复杂性等方面各不相同。由于定额法只需利用较少的数据就可以获得满足要求的预测结果，工作量小，具有普适性，故针对本研究区域数据采集复杂，数据系列较短的情况，选择定额法对规划水平年进行需水量预测。得出的结果如下：当降雨保证率为50%时，2020年、2030年全市总需水量分别为 $21.5679\times10^8\,\text{m}^3$、$22.7228\times10^8\,\text{m}^3$；当降雨保证率为75%时，2020年、2030年全市总需水量分别为 $24.1904\times10^8\,\text{m}^3$、$25.1006\times10^8\,\text{m}^3$；当降雨保证率为90%时，2020年、2030年全市总需水量分别为 $26.8337\times10^8\,\text{m}^3$、$27.4029\times10^8\,\text{m}^3$。

7.2.2 供水量预测

研究区域供水来源主要包括地表水源供水、地下水源供水及其他水源供水三部分。目前关于供水量预测的方法主要有两大类：其一是理论预测，即通过建立回归模型、灰色模型、神经网络等供水预测模型进行供水量预测，此方法偏重理论研究，对工程实际应用情况欠缺考虑；其二是以《全国水资源综合规划技术细则》为依据，以研究区域现有供水设施及未来水利工程规划为基础进行不同规划水平年的供水量预测，此类方法得到了普遍应用和认可[2]。因此，需要在现有水资源开发利用的基础上，结合未来水利工程规划来预测供水量，公式为[2]

$$W_{供水量} = W_{现状水平年供水量} + W_{规划水平年新增供水量} \\ = W_{地表水源供水量} + W_{地下水源供水量} + W_{其他水源供水量} \tag{7-1}$$

根据相关规划和实施方案，柳州市 2020 年和 2030 年地表水源供水量分别为 $20.685\times10^8\,\text{m}^3$、$25.0745\times10^8\,\text{m}^3$；地下水开采控制总量分别为 $0.9028\times10^8\,\text{m}^3$、$0.8569\times10^8\,\text{m}^3$；污水处理回用规模分别为 0、$0.30\times10^8\,\text{m}^3$；雨水利用规模分别为 $0.34\times10^8\,\text{m}^3$、$0.34\times10^8\,\text{m}^3$。综合以上分析，根据规划水平年供水量计算公式式（7-1），计算得到柳州市规划水平年供水量，见表 7-5。

表 7-5　柳州市各子区供水量预测成果　　（单位：$10^8\,\text{m}^3$）

规划水平年	行政子区	地表水源供水量	地下水源供水量	其他水源供水量	总供水量
2020	市城区	9.1200	0.2576	0.19	9.5676
	柳城县	2.7900	0.1787	0.03	2.9987
	鹿寨县	3.0800	0.2140	0.03	3.3240
	融安县	2.0700	0.1194	0.03	2.2194
	融水县	2.1850	0.1041	0.03	2.3191
	三江县	1.4400	0.029	0.03	1.4990

续表

规划水平年	行政子区	地表水源供水量	地下水源供水量	其他水源供水量	总供水量
2030	市城区	10.767 6	0.242 9	0.44	11.450 5
	柳城县	2.995 8	0.168 2	0.04	3.204 0
	鹿寨县	4.543 6	0.202 4	0.04	4.786 0
	融安县	2.442 5	0.113 6	0.04	2.596 1
	融水县	2.846 0	0.100 8	0.04	2.986 8
	三江县	1.479 0	0.029 0	0.04	1.548 0

7.2.3 供需平衡分析

综合分析需水量和供水量预测成果发现，柳州市 2020 年在降雨保证率为 50%、75%、90%条件下，需水总量分别为 $21.567\ 9\times10^8\ m^3$、$24.190\ 4\times10^8\ m^3$ 和 $26.833\ 7\times10^8\ m^3$，可供水量为 $21.927\ 8\times10^8\ m^3$，区域在降雨保证率为 50%时供水量可满足需水量，不存在缺水现象，其余降雨保证率下均存在缺水现象。2030 年柳州市在降雨保证率为 50%、75%、90%条件下，需水总量分别为 $22.722\ 8\times10^8\ m^3$、$25.106\ 6\times10^8\ m^3$ 和 $27.402\ 9\times10^8\ m^3$，可供水量为 $26.571\ 4\times10^8\ m^3$，区域在降雨保证率为 50%、75%条件下供水量可满足需水量，不存在缺水现象，降雨保证率在 90%条件下存在缺水现象。具体地，柳州市供需平衡分析见表 7-6。

从表 7-6 中可以看出：柳州市 2020 年在降雨保证率为 50%、75%、90%条件下，缺水率分别为 0、9.353 3%和 18.282 6%；2030 年在降雨保证率为 50%、75%、90%条件下，缺水率分别为 0、0 和 3.034 4%。缺水率大幅度降低的原因在于：一方面，节水规划的实施，降低了各部门对水资源的需求量；另一方面，新建水源工程保障了城市的供水情况，加强了工程供水能力。

7.2.4 预测结果分析

由表 7-6 可以发现，随着降雨保证率的增加，各子区需水量在不断增加；市城区的需水量占总需水量的 40%～50%，比例较大，这主要是由于市城区人口多，以及工业、建筑业和第三产业密集，需水量相比其他子区大。因此，在一定的供水量条件下，2020 年 50%降雨保证率时，只有市城区存在缺水现象，缺水率为 1.071 2%；75%和 90%降雨保证率时，各子区均有不同程度的缺水。其中：在 75%降雨保证率条件下，市城区、柳城县、鹿寨县、融安县、融水县、三江县的缺水率分别为 7.001 4%、9.530 6%、11.998 3%、11.619 9%、11.565 7%、10.619 5%；在 90%降雨保证率条件下，各子区缺水率分别为 12.608 7%、21.045 3%、23.075 1%、23.143 0%、21.463 6%、22.170 3%。显然，随着降雨保证率的增大，缺水率在不断增加，具体见图 7-5。

表7-6 柳州市不同规划水平年供需平衡分析表

规划水平年	行政子区	需水量/(10⁸ m³)				供水量/(10⁸ m³)	供需平衡							
							缺水量/(10⁸ m³)				缺水率%			
		50%	75%	90%	多年平均		50%	75%	90%	多年平均	50%	75%	90%	多年平均
2020	市城区	9.6712	10.2879	10.9480	9.6799	9.5676	0.1036	0.7203	1.3804	0.1123	1.0712	7.0014	12.6087	1.1601
	柳城县	2.8313	3.3146	3.7980	2.8380	2.9987	-0.1674	0.3159	0.7993	-0.1607	-5.9125	9.5306	21.0453	-5.6624
	鹿寨县	3.2408	3.7772	4.3211	3.2483	3.3240	-0.0832	0.4532	0.9971	-0.0757	-2.5673	11.9983	23.0751	-2.3305
	融安县	2.1401	2.5112	2.8877	2.1347	2.2194	-0.0793	0.2918	0.6683	-0.0847	-3.7054	11.6199	23.1430	-3.9678
	融水县	2.2353	2.6224	2.9520	2.2636	2.3191	-0.0838	0.3033	0.6338	-0.0555	-3.7489	11.5657	21.4636	-2.4519
	三江县	1.4492	1.6771	1.9260	1.4352	1.4990	-0.0498	0.1781	0.4270	-0.0638	-3.4364	10.6195	22.1703	-4.4451
	全市合计	21.5679	24.1904	26.8337	21.5997	21.9278	-0.3599	2.2626	4.9059	-0.3281	-1.6687	9.3533	18.2826	-1.5190
2030	市城区	10.7251	11.3097	11.8703	10.7091	11.4505	-0.7254	-0.1408	0.4198	-0.7414	-6.7636	-1.2449	3.5366	-6.9231
	柳城县	2.7720	3.2114	3.6448	2.7600	3.2040	-0.4320	0.0074	0.4408	-0.4440	-15.5844	0.2304	12.0939	-16.0870
	鹿寨县	3.5267	4.0118	4.4767	3.4998	4.7860	-1.2593	-0.7742	-0.3093	-1.2862	-35.7076	-19.2981	-6.9091	-36.7507
	融安县	2.0308	2.3925	2.7156	2.0212	2.5961	-0.5653	-0.2036	0.1195	-0.5749	-27.8363	-8.5099	4.4005	-28.4435
	融水县	2.3045	2.6037	2.9072	2.3003	2.9868	-0.6823	-0.3831	-0.0796	-0.6885	-29.6073	-14.7137	-2.7380	-29.8439
	三江县	1.3637	1.5775	1.7883	1.3576	1.5480	-0.1843	0.0295	0.2403	-0.1904	-13.5147	1.8700	13.4373	-14.0247
	全市合计	22.7228	25.1066	27.4029	22.6480	26.5714	-3.8486	-1.4648	0.8315	-3.9234	-16.9372	-5.8343	3.0344	-17.3234

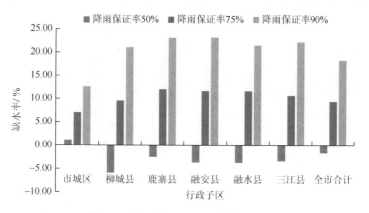

图 7-5　柳州市 2020 年各子区缺水率

柳州市规划在原有水源工程应用的基础上，2030 年新建 3 座小型水库，扩建提水工程 5 处，引水工程 1 处，使得供水能力显著提高。在降雨保证率 50%条件下各个子区均不存在缺水现象；在 75%降雨保证率条件下局部子区存在缺水现象，其中柳城县缺水率为 0.230 4%，三江县缺水率为 1.870 0%；在 90%降雨保证率条件下缺水区域比 75%降雨保证率条件下的缺水区域多，其中市城区缺水率为 3.536 6%，柳城县缺水率为 12.093 9%，融安县缺水率为 4.400 5%，三江县缺水率为 13.437 3%，具体见图 7-6。

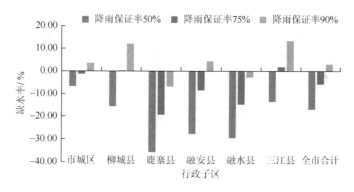

图 7-6　柳州市 2030 年各子区缺水率

7.3　基于"三条红线"约束的水资源优化配置模型

研究区域内水资源总量有限，需求却日益增长。为保障研究区域内社会、经济和生态环境的和谐发展，在分析研究区域内水资源开发利用现状及供需水预测的基础上，按照最严格的水资源管理制度，建立"三条红线"约束下的多水源、多用户、多目标、多变量的水资源优化配置模型。采用 Pareto 最优解法求解水资源优化配置问题，将非劣解集作为配置方案集，并对不同水平年的配置方案集进行分析，具体流程见图 7-7。

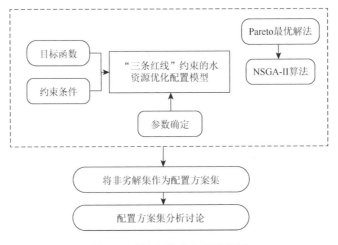

图 7-7　水资源优化配置流程图

NSGA-II 为第二代非支配排序进货算法

7.3.1　"三条红线"与水资源优化配置的关系

随着工业化、城镇化的加速发展，我国水资源、水生态、水环境形势更加严峻。为此，国家实行最严格的水资源管理制度，建立"三条红线"准则，着力改变当前水资源过度开发、水资源开发利用效率和程度不高、水生态不良等问题，使"三条红线"指标在水资源优化配置中成为重要的约束性、控制性、先导性指标，极大程度地提高水资源利用效率，最大概率地保证水资源可持续健康发展。"三条红线"的具体内容概括如下。

1）用水总量控制红线

通过确立用水总量控制红线，对研究区域规划水平年用水总量提出控制目标。

2）用水效率控制红线

通过确立用水效率控制红线，对研究区域规划水平年用水效率提出控制目标，遏制用水浪费现象。具体可体现在对"万元地区生产总值用水量""万元工业增加值用水量""人均综合用水量"等指标的约束上。

3）水功能区限制纳污控制红线

通过确立水功能区限制纳污控制红线，对研究区域规划水平年水功能区水质达标率提出控制目标，严格控制排污总量。

在水资源优化配置模型中，"三条红线"作为水资源优化配置模型的约束条件，有利于在最严格的水资源管理体制下合理分配水资源，在一定程度上促进区域的可持续发展。传统的水资源优化配置模型的约束条件以区域的实际情况为依据，而"三条红线"约束下的水资源优化配置模型不仅考虑到研究区域内的实际情况，而且严格遵循"三条红线"的量化指标，即用水总量不能超过用水总量控制红线指标，区域内各行业用水效率标准不高于用水效率控制红线指标，水功能区污染物排放总量也不能超过水功能区限制纳污控制红线指标。具体地，"三条红线"与水资源优化配置模型的关系见图 7-8。

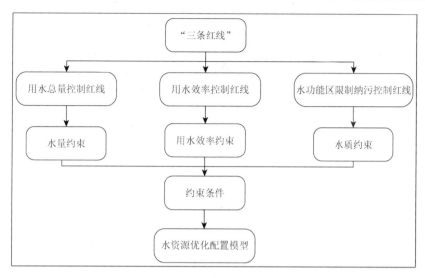

图 7-8　"三条红线"与水资源优化配置模型的关系

7.3.2　水资源优化配置模型的建立

1. 子区的确定

水资源优化配置问题的解决需要考虑诸多因素的影响，如社会、经济和生态环境，这些因素相互制约、内在联系复杂。因此，研究水资源优化配置问题时，一般需要将研究区域划分为多个子区域进行研究。

本研究区域为柳州市，按照行政区域划分，可具体分为市城区、柳城县、鹿寨县、融安县、融水县和三江县六个区域，即六个子区，用 a' 来表示，其中，$a'=1$ 表示市城区，$a'=2$ 表示柳城县，$a'=3$ 表示鹿寨县，$a'=4$ 表示融安县，$a'=5$ 表示融水县，$a'=6$ 表示三江县。

2. 决策变量的确定

研究区域内供水水源主要包括地表水源供水、地下水源供水和其他水源供水三部分。设 a' 子区内供水水源为 w'，其中，$w'=1$ 代表地表水源供水，$w'=2$ 代表地下水源供水，$w'=3$ 代表其他水源供水。

每个子区针对用水部门的不同对用水进行分类，具体可分为农业用水、工业用水、生活用水及生态用水四部分。设 d' 表示各用水类别，$d'=1$ 表示农业用水，$d'=2$ 表示工业用水，$d'=3$ 表示生活用水，$d'=4$ 表示生态用水。

本小节将不同水源分配给各用水部门的水量设为水资源优化配置模型的决策变量，用 x 表示，$x^{a'}=(x_{w'd'}^{a'})$，其中 $x_{w'd'}^{a'}$ 表示 w' 水源分配给 a' 子区 d' 用水部门的水量。

其中，研究区域水资源概化图见图 7-9。

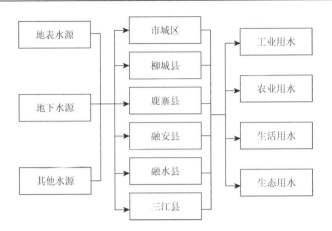

图 7-9　柳州市水资源概化图

3. 目标函数的确定

水资源优化配置是一个多目标优化问题，目的是将有限的水资源合理分配到各用水部门，使得社会、经济和环境三者之间的综合效益达到最大[3]。一般来说，目标函数和约束条件为水资源优化配置模型的核心组成部分，其表示形式如下：

$$Z = \max\{f_1(x), f_2(x), f_3(x)\}$$
$$G(x) \leqslant 0 \qquad\qquad (7\text{-}2)$$
$$x \geqslant 0$$

式中：x 为决策变量；$f_1(x)$ 为社会效益目标；$f_2(x)$ 为经济效益目标；$f_3(x)$ 为生态环境效益目标；$G(x)$ 为模型的约束条件集。

目标 1　社会效益目标：将各子区总缺水量最小作为社会效益目标。其函数表达式为

$$f_1(x) = \min\left[\sum_{a'=1}^{6}\sum_{d'=1}^{4}\left(D_{d'}^{a'} - \sum_{w'=1}^{3} x_{w'd'}^{a'}\right)\right] \qquad (7\text{-}3)$$

式中：$D_{d'}^{a'}$ 为 a' 子区 d' 用水部门的需水量，10^8 m^3；$x_{w'd'}^{a'}$ 为 w' 水源对 a' 子区 d' 用水部门的供水量，10^8 m^3。

目标 2　经济效益目标：将各用水部门的用水产值最大作为经济效益目标。其函数表达式为

$$f_2(x) = \max\left[\sum_{a'=1}^{6}\sum_{d'=1}^{4}\sum_{w'=1}^{3} (b_{w'd'}^{a'} - f_{w'd'}^{a'}) x_{w'd'}^{a'} \alpha_{w'}^{a'} \beta_{d'}^{a'} \lambda_{a'}\right] \qquad (7\text{-}4)$$

式中：$b_{w'd'}^{a'}$ 为 w' 水源向 a' 子区 d' 用水部门提供单位水量的效益系数，元/m³；$f_{w'd'}^{a'}$ 为 w' 水源向 a' 子区 d' 用水部门提供单位水量的费用系数，元/m³；$x_{w'd'}^{a'}$ 为 w' 水源向 a' 子区 d' 用水部门提供的水量，10^8 m^3；$\alpha_{w'}^{a'}$ 为 w' 水源向 a' 子区的供水次序系数；$\beta_{d'}^{a'}$ 为 a' 子区 d' 用水部门的用水公平性系数；$\lambda_{a'}$ 为 a' 子区的权重系数。

目标 3　生态环境效益目标：将污染物排放量最小作为生态环境效益目标。本小节生态

环境效益目标以各用水部门化学需氧量（chemical oxygen demand，COD）排放量之和最小来表示。其函数表达式为

$$f_3(x) = \min\left(0.01\sum_{a'=1}^{6}\sum_{d'=1}^{4}c_{d'}^{a'}\omega_{d'}^{a'}\sum_{w'=1}^{3}x_{w'd'}^{a'}\right) \tag{7-5}$$

式中：$c_{d'}^{a'}$ 为 a' 子区 d' 用水部门的 COD 排放浓度，mg/L；$\omega_{d'}^{a'}$ 为 a' 子区 d' 用水部门的废污水排放系数。

4. 约束条件的确定

将"三条红线"作为水资源优化配置的约束条件。在实际应用中，应首先对相应的约束指标进行量化和确定，然后再应用到水资源优化配置模型中。本小节将区域可供水量指标、各用水部门用水总量指标及各用水部门用水能力指标作为用水总量控制红线的量化；将万元地区生产总值用水量、万元工业增加值用水量、人均综合用水量作为用水效率控制红线的量化；将纳污总量作为水功能区限制纳污控制红线的量化。总体来说，根据"三条红线"及区域的实际情况确定的模型约束条件具体如下。

1）用水总量控制红线约束

（1）区域可供水量约束。

$$\sum_{w'=1}^{3}\sum_{d'=1}^{4}x_{w'd'}^{a'} \leqslant \sum_{w'=1}^{3}S_{w'}^{a'} \tag{7-6}$$

式中：$S_{w'}^{a'}$ 为 a' 子区 w' 水源的可供水量，$10^8\ \mathrm{m}^3$。

（2）各用水部门用水总量约束。

$$\sum_{w'=1}^{3}\sum_{d'=1}^{4}x_{w'd'}^{a'} \leqslant Q_{a'} \tag{7-7}$$

式中：$Q_{a'}$ 为政府对研究区域下达的规划水平年用水总量目标，$10^8\ \mathrm{m}^3$。

（3）各用水部门用水能力约束。

各用水部门的用水量应该介于各用水部门最小需水量和最大需水量之间，即

$$R_{d',\min}^{a'} \leqslant \sum_{w'=1}^{3}x_{w'd'}^{a'} \leqslant R_{d',\max}^{a'} \tag{7-8}$$

式中：$R_{d',\min}^{a'}$ 为 a' 子区 d' 用水部门的最小需水量；$R_{d',\max}^{a'}$ 为 a' 子区 d' 用水部门的最大需水量。

2）用水效率控制红线约束

（1）万元地区生产总值用水量。

$$\dfrac{\displaystyle\sum_{a'=1}^{6}\sum_{d'=1}^{4}\sum_{w'=1}^{3}x_{w'd'}^{a'}}{G_{a'}} \leqslant U_{1a'} \tag{7-9}$$

式中：$G_{a'}$ 为规划水平年 a' 子区生产总值，亿元；$U_{1a'}$ 为规划水平年 a' 子区万元地区生产总值允许的用水量上限，$\mathrm{m}^3/$万元。

（2）万元工业增加值用水量。

$$\frac{\sum_{a'=1}^{6}\sum_{d'=1}^{4}\sum_{w'=1}^{3}x_{w'd'}^{a'}}{I_{a'}} \leqslant U_{2a'} \tag{7-10}$$

式中：$I_{a'}$ 为规划水平年 a' 子区工业增加值，亿元；$U_{2a'}$ 为规划水平年 a' 子区万元工业增加值允许的用水量上限，$m^3/$万元。

（3）人均综合用水量。

$$\frac{\sum_{a'=1}^{6}\sum_{d'=1}^{4}\sum_{w'=1}^{3}x_{w'd'}^{a'}}{P_{total}} \leqslant U_{3} \tag{7-11}$$

式中：P_{total} 为规划水平年人口总量，万人；U_3 为人均综合用水量上限，$m^3/$人。

3）水功能区限制纳污控制红线约束

纳污总量约束：

$$100\sum_{a'=1}^{6}\sum_{d'=1}^{4}c_{d'}^{a'}\omega_{d'}^{a'}\sum_{w'=1}^{3}x_{w'd'}^{a'} \leqslant D_{max} \tag{7-12}$$

式中：D_{max} 为 COD 允许排放量上限，t。

4）变量非负约束

$$x_{w'd'}^{a'} \geqslant 0 \tag{7-13}$$

式中：$x_{w'd'}^{a'}$ 为 w' 水源分给 a' 子区 d' 用水部门的用水量。

5. 参数的确定

1）各用水部门最小需水量和最大需水量（$R_{d',min}^{a'}$、$R_{d',max}^{a'}$）[4]的确定

（1）最小农业需水量、最大农业需水量（$R_{1,min}^{a'}$、$R_{1,max}^{a'}$）的确定如下。

将研究区域各子区在降雨保证率为 90%条件下农业所需的水量作为最大农业需水量 $R_{1,max}^{a'}$；将降雨保证率为 50%条件下农业所需的水量作为最小农业需水量 $R_{1,min}^{a'}$。

（2）最小工业需水量、最大工业需水量（$R_{2,min}^{a'}$、$R_{2,max}^{a'}$）的确定如下。

将研究区域各子区规划水平年工业需水量作为最大工业需水量 $R_{2,max}^{a'}$；将规划水平年工业需水量的 90%作为最小工业需水量 $R_{2,min}^{a'}$。

（3）最小生活需水量、最大生活需水量（$R_{3,min}^{a'}$、$R_{3,max}^{a'}$）的确定如下。

将研究区域各子区规划水平年生活需水量作为最大生活需水量 $R_{3,max}^{a'}$。考虑居民节水意识的提高及节水设备的完善，将规划水平年生活需水量的 95%作为最小生活需水量 $R_{3,min}^{a'}$。

（4）最小生态需水量、最大生态需水量（$R_{4,min}^{a'}$、$R_{4,max}^{a'}$）的确定如下。

将研究区域各子区规划水平年生态需水量作为最大生态需水量 $R_{4,max}^{a'}$，将规划水平年生态需水量的 90%作为最小生态需水量 $R_{4,min}^{a'}$。

2）各用水部门效益系数（$b_{w'd'}^{a'}$）的确定

本小节直接根据现状水平年的数据来确定各用水部门的效益系数，具体如下。

（1）农业用水效益系数由灌溉后的农业增产效益与农业水利分摊系数之积确定；

（2）工业用水效益系数由万元工业增加值用水量的倒数确定；

（3）生活用水效益系数由供水工程的理论价格来确定；

（4）生态用水效益系数不易求解、难以定量分析，因此用自然生态系统为人类社会经济提供服务的价值量，减去人类通过污染治理和生态建设等各种形式为维护自然生态系统平衡所投入的资本量，然后除以生态环境最小用水量，将其作为生态环境用水净效益系数[3, 5-6]。

3）费用系数（$f_{w'd'}^{a'}$）的确定

本小节以现状水平年柳州市水费征收标准来确定费用系数（$f_{w'd'}^{a'}$），柳州市各用水类别费用系数见表 7-7。

表 7-7　柳州市各用水类别费用系数　　　　（单位：元/m³）

系数	农业用水	工业用水	生活用水	生态用水
费用系数	2.905	2.905	2.500	2.905

4）供水次序系数（$\alpha_{w'}^{a'}$）的确定

研究区域供水水源主要包括地表水源供水、地下水源供水和其他水源供水三部分。供水次序系数反映了 a' 子区 w' 水源相对于其他供水水源的先后顺序。将各水源供水的优先程度量化到区间[0, 1]内，其表达式[4]为

$$\alpha_{w'}^{a'} = \frac{1 + n_{\max}^{a'} - n_i^{a'}}{\sum_{w'=1}^{3}(1 + n_{\max}^{a'} - n_{w'}^{a'})} \qquad (7\text{-}14)$$

式中：$n_{w'}^{a'}$、$n_i^{a'}$ 分别为 w' 水源、i 水源向 a' 子区供水的次序序号；$n_{\max}^{a'}$ 为 a' 子区供水次序序号最大值。

按照优先使用地表水源，然后使用地下水源，最后使用其他水源的原则，参照式（7-14）可得研究区域地表水源、地下水源和其他水源的供水次序系数依次为 0.5、0.33、0.17。

5）用水公平性系数（$\beta_{d'}^{a'}$）的确定

用水公平性系数 $\beta_{d'}^{a'}$ 反映了 a' 子区 d' 用水部门相对于其他用水部门得到供水的先后顺序。水资源分配的原则是 "先生活、后生产"，即在水资源分配过程中有限地保障生活用水，然后再依次考虑生态用水、工业用水、农业用水。根据式（7-14）将各用水部门用水公平性系数转化到区间[0, 1]内，用水公平性系数见表 7-8。

表 7-8　柳州市各用水部门用水公平性系数

系数	农业用水部门	工业用水部门	生活用水部门	生态用水部门
用水公平性系数	0.20	0.14	0.40	0.26

6）子区权重系数（$\lambda_{a'}$）的确定

依据不同用水部门用水公平性原则，令各子区权重系数均为 0.166 667。

7）废污水排放系数（$\omega_d^{a'}$）的确定

废污水排放系数（$\omega_d^{a'}$）是指不同用水部门废污水排放量与该用水部门用水量之比[7]。根据柳州市现状水平年统计资料，确定研究区域各用水部门的废污水排放系数。

8）用水总量目标（$Q_{a'}$）的确定

根据国家下达的最严格的水资源管理控制目标指令，在保障经济、社会稳定发展的前提下，拟定了柳州市各县级行政区规划水平年用水总量目标，具体见表 7-9。

表 7-9　柳州市各子区规划水平年用水总量目标　　　　　　（单位：$10^8\,m^3$）

规划水平年	行政子区					
	市城区	柳城县	鹿寨县	融安县	融水县	三江县
2020 年	10.813 160	2.878 947	3.330 526	2.088 421	2.340 526	1.446 316
2030 年	11.471 050	2.926 316	3.456 842	2.109 474	2.366 842	1.462 105

9）万元工业增加值允许的用水量上限（$U_{2a'}$）和万元地区生产总值允许的用水量上限（$U_{1a'}$）的确定

万元工业增加值允许的用水量上限（$U_{2a'}$）采用规划水平年工业需水量与工业总产值进行计算。同理，万元地区生产总值允许的用水量上限（$U_{1a'}$）为规划水平年生产需水量与生产总值之比，具体见表 7-10。

表 7-10　柳州市各子区规划水平年用水效率指标值　　　　　　（单位：m^3/万元）

规划水平年	行政子区	$U_{2a'}$	$U_{1a'}$
2020	市城区	28	57.806 5
	柳城县	49	101.161 3
	鹿寨县	55	113.548 4
	融安县	53	109.419 3
	融水县	54	111.483 9
	三江县	76	156.903 2
2030	市城区	20.72	42.776 8
	柳城县	36.26	74.859 4
	鹿寨县	40.7	84.025 8
	融安县	39.22	80.970 3
	融水县	39.96	82.498 1
	三江县	56.24	116.108 4

10）污水中 COD 排放浓度（$c_d^{a'}$）的确定

污水中 COD 排放浓度因用水部门的不同而有所差异。根据广西壮族自治区柳州市人民政府门户网站，2018 年污水中的 COD 排放浓度普遍在 30 mg/L 左右，远远低于 60 mg/L 的标准，故以此来预估规划水平年各用水部门的 COD 排放浓度。

11）污水中 COD 允许排放量（$S_{a'}$）的确定

由于水功能区 COD 允许排放量（$S_{a'}$）的计算较为复杂，涉及多方面资料数据，故本小节 COD 允许排放量按照在现状水平年的基础上每年减排 3%的标准进行计算，具体见表 7-11。

表 7-11　柳州市各子区 COD 允许排放量　　　　（单位：t）

规划水平年	行政子区	工业用水	农业用水	生活用水	生态用水
2020	市城区	49 093.500 0	4 113.311 0	8 004.000 0	8.964 0
	柳城县	1 539.000 0	2 111.614 0	1 299.600 0	1.934 0
	鹿寨县	2 387.000 0	1 429.220 0	1 125.300 0	1.953 6
	融安县	918.000 0	803.131 0	1 054.000 0	1.705 3
	融水县	1 179.500 0	684.554 8	1 415.400 0	1.655 8
	三江县	169.000 0	936.865 0	1 047.800 0	1.519 6
2030	市城区	36 202.730 0	3 033.255 0	5 902.343 0	6.610 3
	柳城县	1 134.896 0	1 557.155 0	958.356 4	1.426 1
	鹿寨县	1 760.231 0	1 053.941 0	829.823 4	1.440 6
	融安县	676.955 3	592.248 2	777.245 0	1.257 5
	融水县	869.791 8	504.807 3	1 043.750 0	1.221 0
	三江县	124.624 7	690.866 9	772.673 0	1.120 6

7.3.3　水资源优化配置模型的求解

水资源优化配置的实质是寻求满足复杂约束条件的多目标调度方案。现在主要有两类求解方法。一类是以主要目标为目标函数，以次要目标为约束条件，通过主要目标方法或加权方法将多个目标转换为单个目标，以获得最佳的解决方案。加权方法是基于每个目标的权重，将多个目标转换为单个目标并作为目标函数，约束条件不变，使用优化算法求解模型并获得配置结果。另一类是通过 Pareto 最优解法求解多目标问题，计算时对各个目标分别进行处理，使得每个目标都极大程度地达到最优。考虑到柳州市水资源优化配置模型涉及社会、经济、生态环境多个目标，因此利用 Pareto 最优解法求解水资源优化配置模型，决策者便可利用所得非劣解集根据当前水资源、社会经济发展状况进行水资源优化配置[8]。

本小节采用 Pareto 最优解法求解多目标问题，基于 PlatEMO[9]库中的 NSGA-II 算法，结合柳州市的实际发展情况及未来发展规划，应用 MATLAB 编写目标函数及约束条件，设定种群规模、进化次数及迭代次数，最后将会输出与规划水平年对应的 Pareto 三维散点图，即以社会效益（f_1）为 x 轴、以经济效益（f_2）为 y 轴、以生态环境效益（f_3）为 z 轴的 Pareto 三维散点图，便于直观地看到各目标最优解的分布情况。

7.3.4　结果分析

应用 NSGA-II 算法求解多目标水资源优化配置模型，将非劣解集作为配置方案集，获得不同规划水平年的配置方案结果及 Pareto 三维散点图。

1. 2020 年配置结果分析

在 2020 年水资源优化配置结果 100 个非劣解集中，最大社会效益（最小区域缺水量）为 $-0.179\,5\times10^8\,m^3$，表示区域不存在缺水现象，此时缺水率为 0，最小社会效益（最大区域缺水量）为 $0.721\,5\times10^8\,m^3$；最大经济效益为 3360.05 亿元，最小经济效益为 3171.01 亿元；最大生态环境效益即 COD 排放量最小为 50 327 t，最小生态环境效益即 COD 排放量最大为 52 508 t，具体见表 7-12。

表 7-12　柳州市 2020 年水资源优化配置非劣解

非劣解集	社会效益/($10^8\,m^3$)	经济效益/亿元	生态环境效益/t
1	−0.179 5	3 297.100 9	52 508.455 4
2	0.014 4	3 300.706 8	52 017.157 1
3	−0.108 3	3 287.605 6	52 298.730 5
4	0.336 2	3 313.631 6	51 159.282 2
⋮	⋮	⋮	⋮
97	0.075 3	3 271.082 6	51 742.361 5
98	0.142 1	3 323.036 2	51 608.044 4
99	0.306 8	3 231.711 2	51 230.079 2
100	0.433 8	3 186.840 9	50 957.088 0

注：社会效益大于 0，表示区域缺水，其值为缺水量。

柳州市 2020 年水资源优化配置社会效益-经济效益-生态环境效益 Pareto 三维散点图见图 7-10。

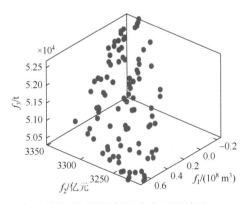

图 7-10　2020 年社会效益-经济效益-生态环境效益 Pareto 三维散点图

为了分析目标间的变化关系，绘制了水资源优化配置模型中社会效益与生态环境效益、经济效益与生态环境效益两两之间的 Pareto 二维散点图，具体见图 7-11、图 7-12。

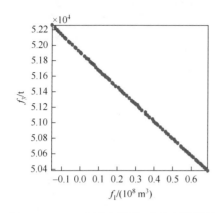 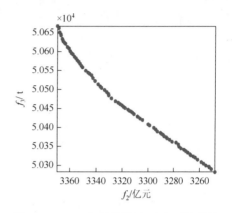

图 7-11 2020 年社会效益-生态环境效益   图 7-12 2020 年经济效益-生态环境效益
            变化关系图   变化关系图

图 7-11 为 2020 年社会效益 f_1 与生态环境效益 f_3 之间的变化关系图，呈线性变化。其中，社会效益代表区域缺水量，生态环境效益代表区域 COD 排放量，图 7-11 表示 COD 排放量直接受到区域缺水量的影响。从图 7-11 中可以看出，生态环境效益随着社会效益的增加而减少，即区域 COD 排放量随着区域缺水量的增加而减少。当区域缺水量较小，即区域各用水部门需水量相对得到满足时，社会经济稳定发展，第二产业发展速度较快，尤其是工业在需水量得到满足的前提下发展迅速，故污水排放量较多，导致 COD 排放量较多。反之，当区域缺水量较大时，社会经济发展滞缓，工业需水得不到满足，故污水排放量较少，导致 COD 排放量较少。

图 7-12 为 2020 年经济效益 f_2 与生态环境效益 f_3 之间的变化关系图，其中经济效益表征区域生产总值，生态环境效益代表区域 COD 排放量。从图 7-12 中可以看出，生态环境效益随经济效益的减少而减少，即区域 COD 排放量与区域生产总值呈正相关关系。当区域生产总值较小时，区域用水量较少，故污水排放量较少，COD 排放量较少；当区域生产总值较大时，区域用水量较大，故污水排放量较多，COD 排放量较多。

2. 2030 年配置结果分析

在 2030 年的水资源优化配置结果 100 个非劣解集中，最大社会效益（最小区域缺水量）为 $-1.55216 \times 10^8 \, m^3$，表示柳州市不存在缺水现象，缺水率为 0，最小社会效益（最大区域缺水量）为 $0.82781 \times 10^8 \, m^3$；最大经济效益为 5474.38 亿元，最小经济效益为 5174.9 亿元；最大生态环境效益（COD 排放量最小）为 47 178.96 t，最小生态环境效益（COD 排放量最大）为 52 030.48 t，详见表 7-13。

表 7-13　柳州市 2030 年水资源优化配置非劣解

非劣解集	社会效益/(10^8 m³)	经济效益/亿元	生态环境效益/t
1	−1.552 2	5 382.152 7	52 030.476 5
2	0.827 8	5 175.249 8	47 178.961 7
3	−0.935 2	5 362.034 2	50 703.192 8
4	−1.471 1	5 461.251 4	51 814.573 2
⋮	⋮	⋮	⋮
97	−0.712 2	5 353.242 0	50 243.074 0
98	0.063 4	5 440.180 2	48 670.917 1
99	0.174 9	5 375.288 4	48 484.051 8
100	0.337 4	5 361.043 8	48 123.406 6

注：社会效益大于 0，表示区域缺水，其值为缺水量。

柳州市 2030 年水资源优化配置社会效益-经济效益-生态环境效益 Pareto 三维散点图见图 7-13。为了分析目标间的变化关系，绘制了水资源优化配置模型中社会效益与生态环境效益、经济效益与生态环境效益两两之间的 Pareto 二维散点图，具体见图 7-14、图 7-15。

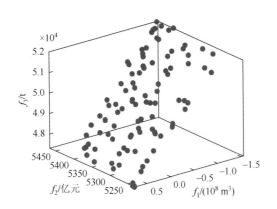

图 7-13　2030 年社会效益-经济效益-生态环境效益 Pareto 三维散点图

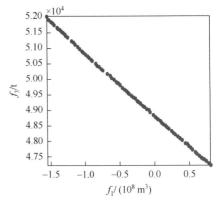

图 7-14　2030 年社会效益-生态环境效益变化关系图

图 7-14 为 2030 年社会效益 f_1 与生态环境效益 f_3 之间的变化关系图，呈线性变化。其中，社会效益表征区域缺水量，生态环境效益代表区域 COD 排放量，COD 排放量直接受到区域缺水量的影响。从图 7-14 中可以看出，生态环境效益随着社会效益的增加而减少，即区域 COD 排放量随着区域缺水量的增加而减少。当区域缺水量较小时，社会经济得到稳定发展，各用水部门的用水需求得到满足，故污水排放量较多，导致 COD 排放量较多。相反地，当区域缺水量较大时，社会经济发展滞缓，各用水部门用水需求得不到满足，故污水排放量较少，导致 COD 排放量较少。

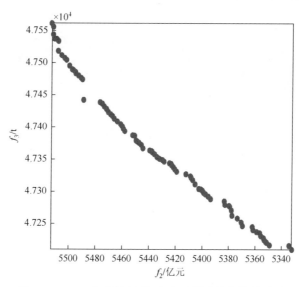

图 7-15 2030 年经济效益-生态环境效益变化关系图

图 7-15 为 2030 年经济效益 f_2 与生态环境效益 f_3 之间的变化关系图,其中经济效益表征区域生产总值,生态环境效益代表区域 COD 排放量。从图 7-15 中可以看出,生态环境效益随着经济效益的减少而减少,即区域 COD 排放量随着区域生产总值的减少而减少。当区域生产总值较小时,区域用水量较少,故污水排放量较少,COD 排放量较少;当区域生产总值较大时,区域用水量较大,故污水排放量较多,COD 排放量较多。

7.4 水资源优化配置方案综合评价模型

由于水资源优化配置问题是一个典型的多变量、多目标、多约束的复杂问题,不同的水资源优化配置方案往往产生不同的配置结果。水资源优化配置方案综合评价模型可为决策者从不同的配置方案中优选出最佳的配置方案提供依据,因而非常有必要对不同的水资源优化配置方案进行科学评价。

本节应用 NSGA-II 算法对考虑社会效益-经济效益-生态环境效益的多目标水资源优化配置模型进行求解,生成 100 个非劣解,此时每一个解代表一种配置方案。为获取最佳的配置方案,本节基于层次分析法和变异系数法综合赋权确定指标权重[10],同时构建基于 TOPSIS 和灰色关联分析法[11]的综合评价模型对水资源优化配置方案进行优选,以期为水资源管理和社会经济的可持续健康发展提供理论支撑,具体流程见图 7-16。

7.4.1 水资源优化配置方案综合评价模型的构建

1. 模型基本假设

假设集合 $P_i = \{p_1, p_2, \cdots, p_m\}$ 为水资源优化配置方案集,集合 $I = \{i_1, i_2, \cdots, i_n\}$ 为评价指标构成的集合, $M = (x_{ij})_{m \times n} (i = 1, 2, \cdots, m; j = 1, 2, \cdots, n)$ 为不同配置方案下的评价指标值矩阵,集合 $\omega = \{\omega_1, \omega_2, \cdots, \omega_n\}$ 为各个评价指标的权重。

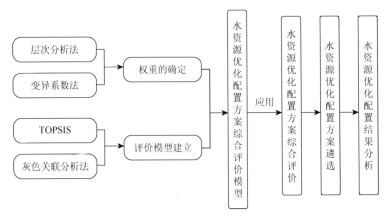

图 7-16　水资源优化配置方案综合评价流程图

2. 评价指标体系的构建

本小节按照水资源优化配置的目标进行评价指标体系的建立，即从社会效益、经济效益和生态环境效益三个方面构建评价指标体系。为保证所选指标能够全面反映水资源优化配置方案评价的内涵和外延，紧密围绕水资源优化配置的社会效益、经济效益和生态环境效益三个目标，在优先考虑指标的独立性等原则的基础上，选择能够全面反映水资源优化配置效果的指标构成指标初始集，然后采用专家咨询法筛选指标初始集，以便得到评价指标体系，具体见表 7-14。

表 7-14　水资源优化配置方案综合评价指标体系

准则层	评价指标	单位
社会效益	区域供水量	10^8 m^3
	区域缺水量	10^8 m^3
经济效益	区域生产总值	亿元
生态环境效益	区域 COD 排放量	t

水资源优化配置方案综合评价模型优选的指标体系分为三层，即目标层、准则层和指标层。目标层为水资源优化配置方案评价决策，准则层为社会效益、经济效益和生态环境效益，指标层为各准则层下的指标，包括区域供水量、区域缺水量、区域生产总值、区域 COD 排放量四个评价指标，具体见图 7-17。

3. 评价指标权重方法的确定

目前权重的计算方法主要有单一权重法和综合权重法。其中，单一权重法主要分为两类：一类是基于决策者的经验对各指标进行权重赋值，如层次分析法、专家咨询法等，其评价结果主观意识强，缺少客观性，结果不够准确；另一类是根据评价指标值具有模糊性、不确定性等特点来确定指标权重，如模糊识别法、Dempster-Shafer 证据理论等，其评价结果理论性强，但缺少主观事实经验。而综合权重法通过组合的方式将多种单一权重

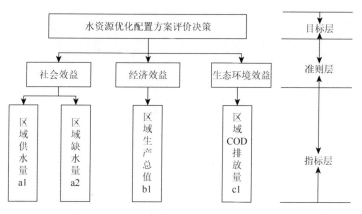

图 7-17 水资源优化配置方案评价指标体系

法计算出来的权重进行融合,使得计算结果更加准确合理。本小节采用主观赋权与客观赋权相结合的方法来确定综合权重,即将层次分析法和变异系数法相结合来计算权重值,其公式[11]为

$$\omega_i = \frac{\alpha_i \varphi_i}{\sum_{i=1}^{n}(\alpha_i - \varphi_i)} \qquad (7\text{-}15)$$

式中:ω_i 为评价指标 i 的综合权重;α_i、φ_i 分别为层次分析法和变异系数法确定的权重。

1）层次分析法

基于水资源优化配置方案评价指标体系,采用层次分析法确定主观权重。首先在指标体系间构造两两比较的判断矩阵,然后计算矩阵的特征向量,此特征向量就是相应指标的权重系数,最后对权重系数进行一致性检验。

2）变异系数法

采用变异系数法确定客观权重。基于已建立的水资源优化配置方案评价指标体系,计算各个方案评价指标值的标准差与平均值,并得到各个评价指标的变异系数,即标准差/平均值,最后对变异系数标准化、归一化处理,得到权重 φ_i。

3）综合权重

基于式（7-15),将层次分析法与变异系数法计算出来的权重进行融合,得到各评价指标的综合权重。

4. 方案优选建模

TOPSIS 又称为理想解排序方法,将其与灰色关联分析法结合能够充分挖掘已有信息,进而为水资源优化配置方案的优选提供依据。本章在前人研究的基础上,基于层次分析法和变异系数法确定指标权重,结合 TOPSIS 和灰色关联分析法,构建水资源优化配置方案综合评价模型,对方案进行优选,以期为水资源管理和社会经济的可持续健康发展提供理论支撑。其主要步骤如下。

1）评价指标规范化处理

按照评价指标的不同,将评价指标分为效益型指标和成本型指标两大类。针对效益型指标和成本型指标，分别利用式（7-16）、式（7-17）对矩阵 $\boldsymbol{M} = (x_{ij})_{m\times n}(i=1,2,\cdots,m;$ $j=1,2,\cdots,n)$ 中的每一个指标进行规范化处理，处理后的评价指标矩阵记作 $\tilde{\boldsymbol{M}} = (y_{ij})_{m\times n}$ $(i=1,2,\cdots,m; j=1,2,\cdots,n)$。

$$y_{ij}^+ = \frac{x_{ij} - \min\limits_{j}\{x_{ij}\}}{\max\limits_{j}\{x_{ij}\} - \min\limits_{j}\{x_{ij}\}} \tag{7-16}$$

$$y_{ij}^- = \frac{\max\limits_{j}\{x_{ij}\} - x_{ij}}{\max\limits_{j}\{x_{ij}\} - \min\limits_{j}\{x_{ij}\}} \tag{7-17}$$

2）加权标准化矩阵

根据式（7-18），将综合权重与规范化后的矩阵 $\tilde{\boldsymbol{M}}$ 相乘即得到加权标准化矩阵 $\boldsymbol{A}$。根据式（7-19）、式（7-20）确定水资源优化配置方案中各个指标间最好的组合 a_j^+、最差的组合 a_j^-。

$$\boldsymbol{A} = (a_{ij})_{m\times n} = (\omega_j y_{ij})_{m\times n} \tag{7-18}$$

$$a_j^+ = \left\{\max_i a_{ij} \middle| a_{ij} \in \boldsymbol{A}^+, \min_i a_{ij} \middle| a_{ij} \in \boldsymbol{A}^-\right\} = \{a_1^+, a_2^+, \cdots, a_n^+\} \tag{7-19}$$

$$a_j^- = \left\{\min_i a_{ij} \middle| a_{ij} \in \boldsymbol{A}^+, \max_i a_{ij} \middle| a_{ij} \in \boldsymbol{A}^-\right\} = \{a_1^-, a_2^-, \cdots, a_n^-\} \tag{7-20}$$

其中，

$$\boldsymbol{A}^+ = (a_{ij}^+)_{m-n} = (W_j y_{ij}^+)_{m-n}$$

$$\boldsymbol{A}^- = (a_{ij}^-)_{m-n} = (W_j y_{ij}^-)_{m-n}$$

3）灰色关联度的确定

根据式（7-21）、式（7-22）计算各个配置方案的灰色关联度 g_i^+、g_i^-，并根据式（7-23）对其进行规范化处理。

$$g_i^+ = \frac{1}{n}\sum_{j=1}^{n} \frac{\min\limits_{i}\min\limits_{j}|a_{0j} - a_{ij}^+| + \rho\max\limits_{i}\max\limits_{j}|a_{0j} - a_{ij}^+|}{|a_{0j} - a_{ij}^+| + \rho\max\limits_{i}\max\limits_{j}|a_{0j} - a_{ij}^+|} \tag{7-21}$$

$$g_i^- = \frac{1}{n}\sum_{j=1}^{n} \frac{\min\limits_{i}\min\limits_{j}|a_{0j} - a_{ij}^-| + \rho\max\limits_{i}\max\limits_{j}|a_{0j} - a_{ij}^-|}{|a_{0j} - a_{ij}^-| + \rho\max\limits_{i}\max\limits_{j}|a_{0j} - a_{ij}^-|} \tag{7-22}$$

$$G_i^+ = \frac{g_i^+}{\max g_i^+}, \qquad G_i^- = \frac{g_i^-}{\max g_i^+} \tag{7-23}$$

式中：ρ 为分辨系数，根据经验取值为 0.5。

4）欧氏距离的计算

根据欧氏距离计算公式式（7-24）计算每个水资源优化配置方案到指标最好组合的距离 d_i^+、最差组合的距离 d_i^-，并根据式（7-25）对其进行规范化处理。

$$d_i^+ = \sqrt{\sum_{j=1}^{n}(a_{ij} - a_j^+)^2}, \qquad d_i^- = \sqrt{\sum_{j=1}^{n}(a_{ij} - a_j^-)^2} \tag{7-24}$$

$$D_i^+ = \frac{d_i^+}{\max d_i^+}, \qquad D_i^- = \frac{d_i^-}{\max d_i^-} \tag{7-25}$$

5）相对贴近度的计算

根据式（7-26）计算每个配置方案的相对贴近度。其中，α_1、α_2 为用户的决定性系数，且 $\alpha_1 + \alpha_2 = 1$。

$$\Phi_i = \frac{(\alpha_1 G_i^+ + \alpha_2 D_i^-)}{[(\alpha_1 G_i^+ + \alpha_2 D_i^-) + (\alpha_1 G_i^- + \alpha_2 D_i^+)]} \tag{7-26}$$

根据相对贴近度的大小对水资源优化配置方案进行排序，Φ_i 值越大表示该配置方案越优。

5. 水资源优化配置方案综合评价

针对柳州市水资源优化配置方案，建立水资源优化配置方案评价指标体系，即区域供水量（a1）、区域缺水量（a2）、区域生产总值（b1）、区域 COD 排放量（c1），采用基于综合权重的 TOPSIS 和灰色关联分析法构成的水资源优化配置方案综合评价模型对不同规划水平年的 100 个配置方案进行评价优选。

1）权重的确定

通过层次分析法构造各指标的两两判断矩阵，求得的 a1、a2、b1、c1 指标的权重见表 7-15，即 a1、a2、b1、c1 的权重分别为 0.354 2、0.373 4、0.196 3、0.076 1。其中，2020 年和 2030 年使用层次分析法所确定的权重值相同。

表 7-15 基于层次分析法确定的各指标权重值

指标	区域供水量	区域缺水量	区域生产总值	区域 COD 排放量	权重
区域供水量	1	1	2	4	0.354 2
区域缺水量	1	1	2	5	0.373 4
区域生产总值	1/2	1/2	1	3	0.196 3
区域 COD 排放量	1/4	1/5	1/3	1	0.076 1
CI = 0.005 8					

注：CI 为一致性指标。

由于 CI 小于 0.1，故层次分析法所求的权重通过了一致性检验。

通过变异系数法求得 2020 年 a1、a2、b1、c1 指标的权重为 0.012 0、0.960 0、0.015 9、0.012 1，2030 年各指标的权重为 0.010 1、0.972 8、0.006 0、0.011 1。

利用式（7-15），将应用层次分析法获得的权重与应用变异系数法获得的权重进行融合，得到 2020 年 a1、a2、b1、c1 指标的综合权重 0.011 6、0.977 4、0.008 5、0.002 5，2030 年各指标的综合权重 0.009 7、0.984 8、0.003 2、0.002 3。

2）水资源优化配置方案综合评价结果

将计算得到的综合权重与归一化后的各方案下各评价指标数据进行融合。首先，根据式（7-21）、式（7-22）计算 100 个配置方案的灰色关联度 g_i^+、g_i^-，根据式（7-24）计算其与最优指标组合的距离 d_i^+、最差指标组合的距离 d_i^-，具体见附表 1、附表 2。

根据式（7-23）、式（7-25），对 g_i^+、g_i^- 和 d_i^+、d_i^- 进行规范化处理。令 $\alpha_1 = 0.5$，$\alpha_2 = 0.5$，根据式（7-26）计算不同规划水平年各个配置方案的相对贴近度 Φ_i。依据相对贴近度的值

给方案排序，得到 2020 年 100 个配置方案中相对贴近度最大的方案为方案 23，2030 年 100 个配置方案中相对贴近度最大的方案为方案 22。因此，从综合评价最优的角度出发，2020 年方案 23 是水资源最优配置方案，2030 年方案 22 是水资源最优配置方案。

综上所述，应用 TOPSIS 和灰色关联分析法构建的水资源优化配置方案综合评价模型推求出不同规划水平年的水资源优化配置方案，结果见表 7-16。

表 7-16　不同规划水平年水资源优化配置方案评选结果

规划水平年	方案	社会效益/(10^8 m³)	经济效益/亿元	生态环境效益/t
2020	23	−0.179 5	3 297.10	52 508.46
2030	22	−1.552 2	5 382.15	52 030.48

社会效益代表区域缺水量，经济效益代表区域生产总值，生态环境效益代表区域 COD 排放量。中共柳州市第十二届代表大会第五次会议定下柳州市 2020 年的生产总值增长目标是 6%～6.5%，即生产总值达到 3316.051 亿～3331.692 75 亿元，预计生产总值每年以 6%～6.5% 的速率增长，故 2030 年生产总值为 5305.681 6 亿～6780.385 79 亿元。根据《柳州市水资源综合规划（2019—2035 年）》，到 2020 年柳州市区域 COD 排放量要比 2015 年下降 1%，其中柳州市 2015 年底区域 COD 排放量为 52 592 t，故 2020 年区域 COD 排放量约为 52 066.08 t，预计 2030 年柳州市区域 COD 排放量比 2020 年下降 1%，则 2030 年区域 COD 排放量约为 51 545.42 t。对比表 7-16 发现，柳州市水资源优化配置模型的求解结果与规划方案较为接近，准确率较高，可为决策人员制订水资源优化配置方案提供科学依据。

7.4.2　配置结果分析与讨论

基于"三条红线"约束建立水资源优化配置模型，采用 Pareto 最优解法求解该模型，将非劣解集作为配置方案集，产生 100 个配置方案。应用基于 TOPSIS 和灰色关联分析法构建的水资源优化配置方案综合评价模型对 100 个配置方案结果进行优选，使得社会、经济和生态三方面协调发展。

1. 缺水分析

由表 7-17、表 7-18 不同规划水平年不同水源配水量可以看出，柳州市 2020 年总需水量为 21.599 7×10^8 m³，总供水量为 21.779 1×10^8 m³，总缺水量为 0，缺水率为 0，即柳州市不存在缺水现象。在各县级行政区中，缺水量最大的为市城区（0.115 1×10^8 m³），主要是由于市城区为柳州市市中心，其人口较多，工业和农业较为发达，生活需水量、工业需水量和农业需水量较大。其余各县级行政区缺水率均为 0，主要是由于人口较少，工业、农业不发达，在供水量一定的情况下需水量较少，故不存在缺水现象。2030 年柳州市总需水量为 22.647 8×10^8 m³，总供水量为 24.200 1×10^8 m³，总缺水量为 0，缺水率为 0。在各县级行政区中，均不存在缺水现象，即在考虑社会效益-经济效益-生态环境效益三方面协调发展的情况下，各县级行政区缺水率为 0。不同规划水平年各子区优化配置结果图见图 7-18，不同规划水平年各子区缺水率见图 7-19。

表 7-17　2020 年不同水源配水量

行政子区	地表水源/(10^8 m^3)	地下水源/(10^8 m^3)	其他水源/(10^8 m^3)	供水量/(10^8 m^3)	需水量/(10^8 m^3)	缺水量/(10^8 m^3)	缺水率/%
市城区	9.119 3	0.255 5	0.190 0	9.564 8	9.679 9	0.115 1	1.19
柳城县	2.789 1	0.177 3	0.018 0	2.984 5	2.837 9	−0.146 6	−5.17
鹿寨县	3.065 3	0.214 0	0.027 0	3.306 2	3.248 2	−0.058 0	−1.79
融安县	2.010 8	0.119 1	0.026 1	2.156 1	2.134 8	−0.021 3	−1.00
融水县	2.183 7	0.082 4	0.029 9	2.296 0	2.263 7	−0.032 3	−1.43
三江县	1.414 4	0.028 0	0.029 2	1.471 5	1.435 2	−0.036 3	−2.53
全市合计	20.582 6	0.876 3	0.320 2	21.779 1	21.599 7	−0.179 4	−0.83

表 7-18　2030 年不同水源配水量

行政子区	地表水源/(10^8 m^3)	地下水源/(10^8 m^3)	其他水源/(10^8 m^3)	供水量/(10^8 m^3)	需水量/(10^8 m^3)	缺水量/(10^8 m^3)	缺水率/%
市城区	10.744 7	0.149 3	0.281 1	11.175 1	10.709 1	−0.466 0	−4.35
柳城县	2.823 3	0.168 1	0.035 2	3.026 7	2.760 0	−0.266 7	−9.66
鹿寨县	3.901 7	0.140 5	0.032 5	4.074 6	3.499 7	−0.574 9	−16.43
融安县	1.988 8	0.113 5	0.034 7	2.137 0	2.021 1	−0.115 9	−5.73
融水县	2.200 4	0.100 2	0.029 2	2.329 8	2.300 3	−0.029 5	−1.28
三江县	1.404 3	0.027 5	0.025 1	1.456 9	1.357 6	−0.099 3	−7.31
全市合计	23.063 2	0.699 1	0.437 8	24.200 1	22.647 8	−1.552 3	−6.85

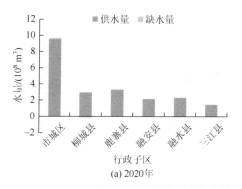
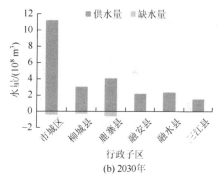

图 7-18　柳州市不同规划水平年各子区优化配置结果图

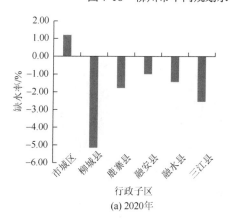
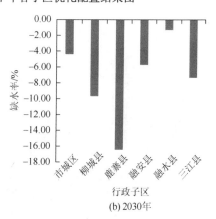

图 7-19　柳州市不同规划水平年各子区缺水率图

2. 供用水结构分析

柳州市不同规划水平年不同用水部门用水量、需水量及缺水量见表 7-19。2018 年、2020 年和 2030 年各用水部门用水结构见图 7-20。从图 7-20 可以看出，2020 年农业用水量所占比例最大，达到总用水量的 58.67%，工业用水量和生活用水量所占比例其次，最后是生态用水量，占比最小；2030 年农业用水量达到总用水量的 54.74%，占比最大，工业用水量和生活用水量所占比例其次，最后为生态用水量，生态用水量所占比例最小。从整体上来看，2020 年、2030 年用水结构与 2018 年用水结构相似，说明水资源优化配置模型具有一定的合理性。从配水比例上看，农业用水比例有所下降，而工业用水、生活用水和生态用水所占比例有所上升，表明柳州市农业用水效率不断提高，体现了用水效率控制红线约束的作用。

表 7-19　不同规划水平年不同用水部门配水量　　　　　（单位：10^8 m^3）

规划水平年	行政子区	工业供水量	工业需水量	工业缺水量	农业供水量	农业需水量	农业缺水量	生活供水量	生活需水量	生活缺水量	生态供水量	生态需水量	生态缺水量
2020	市城区	3.7539	3.9735	0.2196	3.1405	3.0268	-0.1137	2.5782	2.5784	0.0002	0.0923	0.1013	0.0090
	柳城县	0.1883	0.2038	0.0155	2.4922	2.3256	-0.1666	0.2843	0.2867	0.0024	0.0196	0.0218	0.0022
	鹿寨县	0.4836	0.5039	0.0203	2.5315	2.4502	-0.0813	0.2711	0.2723	0.0012	0.0200	0.0218	0.0018
	融安县	0.1273	0.1383	0.0110	1.7875	1.7529	-0.0346	0.2224	0.2226	0.0002	0.0189	0.0209	0.0020
	融水县	0.1671	0.1787	0.0116	1.8175	1.7588	-0.0587	0.2909	0.3037	0.0128	0.0205	0.0224	0.0019
	三江县	0.0325	0.0342	0.0017	1.2270	1.1808	-0.0462	0.1914	0.1985	0.0075	0.0206	0.0213	0.0007
2030	市城区	4.5069	5.0043	0.4974	3.5954	2.6050	-0.9903	2.9614	2.9769	0.0155	0.1115	0.1229	0.0114
	柳城县	0.2280	0.2528	0.0248	2.3885	2.0810	-0.3075	0.3870	0.4006	0.0131	0.0231	0.0256	0.0025
	鹿寨县	0.7846	0.8683	0.0837	2.8211	2.1463	-0.6748	0.4452	0.4596	0.0144	0.0237	0.0255	0.0018
	融安县	0.1666	0.1849	0.0183	1.6325	1.4801	-0.1524	0.3155	0.3311	0.0155	0.0224	0.0249	0.0025
	融水县	0.2419	0.2461	0.0042	1.6783	1.6246	-0.0537	0.3848	0.4037	0.0189	0.0248	0.0259	0.0011
	三江县	0.0376	0.0408	0.0032	1.1310	1.0187	-0.1123	0.2658	0.2733	0.0075	0.0225	0.0248	0.0023

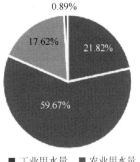
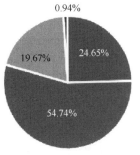
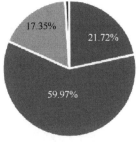

(a) 2020 年　　　　　　　　(b) 2030 年　　　　　　　　(c) 2018 年

图 7-20　不同水平年各用水部门用水结构图

柳州市 2018 年、2020 年及 2030 年各水源供水结构见图 7-21。可以看出，2020 年和 2030 年地表水源供水比例最大，其次为地下水源，其他水源所占供水比例最小。对比 2018 年各水源供水结构图发现，地下水源所占供水比例有所下降，地表水源和其他水源所占供水比例有所提高。原因在于：一方面是降低地下水开采量，保护地下水；另一方面是柳州市加大了水利设施工程建设，提高了地表水供水能力，并且为了提高水资源利用效率，加大了对再生污水处理厂及雨水利用工程设施的建设，从而实现水资源的循环利用。

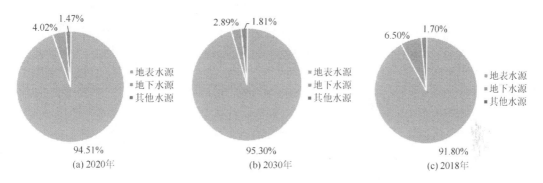

图 7-21　柳州市不同水平年各水源供水结构图

3. 目标值分析

本章基于"三条红线"约束的水资源优化配置模型共包含三个目标，即体现区域缺水量最小的社会效益目标、代表区域生产总值最大的经济效益目标及表征区域 COD 排放量最小的生态环境效益目标。采用 Pareto 最优解法对水资源优化配置模型进行求解，并且根据水资源优化配置方案综合评价模型对配置方案进行遴选，得到社会效益-经济效益-生态环境效益三者综合最优的配置方案，最终得到的不同规划水平年配置方案目标值见表 7-16。

由表 7-16 可以看出，2020 年社会效益为$-0.179\,5\times10^8\,\mathrm{m}^3$，即柳州市 2020 年总缺水量为 0，2020 年柳州市总配水量为 $21.779\,1\times10^8\,\mathrm{m}^3$，小于广西壮族自治区下达的目标 $22.91\times10^8\,\mathrm{m}^3$。2030 年社会效益为$-1.552\,2\times10^8\,\mathrm{m}^3$，即柳州市 2030 年总缺水量为 0，2030 年柳州市总配水量为 $24.200\,1\times10^8\,\mathrm{m}^3$，小于广西壮族自治区下达的目标 $24.2\times10^8\,\mathrm{m}^3$。

由表 7-16 可以看出，2020 年经济效益为 3297.10 亿元，模型误差为 0.57%～1.04%，经济效益目标值与生产总值规划较为接近，误差较小。2030 年经济效益为 5382.15 亿元，经济效益目标值在规划范围内，故水资源优化配置方案可用于实际工程。

由表 7-16 可以看出，2020 年区域 COD 排放量为 52 508.46 t，模型误差为 0.85%，2030 年区域 COD 排放量为 52 030.48 t，误差为 0.94%，误差较小，因此水资源优化配置方案可用于实际工程。

参 考 文 献

[1]　韦逗逗. 柳州市水资源承载能力与调控研究[D]. 南宁：广西大学，2015.

[2]　MAASS A，HUFSCHMIDT M M，DORFMAN R，et al. Design of water-resource systems[M]. Cambridge：Harvard University Press，2013.

[3]　葛莹莹. "三条红线"约束下的区域水资源优化配置研究[D]. 邯郸：河北工程大学，2014.

[4]　从辉. 基于"三条红线"的延安市水资源管理评价及优化配置研究[D]. 西安：长安大学，2018.

[5]　张鑫. 区域生态环境需水量与水资源合理配置[D]. 杨凌：西北农林科技大学，2004.

[6]　粟晓玲，康绍忠，石培泽. 干旱区面向生态的水资源合理配置模型与应用[J]. 水利学报，2008（9）：1111-1117.

[7]　易凯. "三条红线"约束下的钦州市水资源优化配置研究[D]. 南宁：广西大学，2017.

[8]　阚艳彬. 考虑供水-发电-风险的梯级水库多目标优化调度研究[D]. 西安：西安理工大学，2017.

[9]　TIAN Y，CHENG R，ZHANG X，et al. PlatEMO: A MATLAB platform for evolutionary multi-objective optimization [educational forum][J]. IEEE computational intelligence magazine，2017，12（4）：73-87.

[10]　熊雪珍，何新玥，陈星，等. 基于改进 TOPSIS 法的水资源优化配置方案评价[J]. 水资源保护，2016，32（2）：14-20.

[11]　张阳，张橙. 基于 TOPSIS-灰色关联度分析的水资源优化配置方案综合评价[J]. 统计与决策，2017（18）：62-65.

附　　录

附表 1　2020 年水资源优化配置方案综合评价相关参数值

方案	g_i^+	g_i^-	d_i^+	d_i^-	Φ_i
1	1.001 351	0.805 154	0.003 776	0.977 485	0.712 699
2	0.902 670	0.818 591	0.210 363	0.767 154	0.620 584
3	0.953 162	0.809 933	0.077 353	0.900 233	0.678 786
4	0.840 534	0.855 792	0.559 476	0.418 050	0.470 637
5	0.935 009	0.812 381	0.116 828	0.860 720	0.661 335
6	0.834 005	0.867 416	0.633 918	0.343 649	0.439 112
7	0.825 360	0.886 106	0.714 519	0.263 032	0.403 842
8	0.988 577	0.806 094	0.018 086	0.959 782	0.705 544
9	0.857 462	0.838 288	0.433 444	0.544 079	0.524 911
10	0.862 370	0.835 760	0.384 424	0.593 092	0.544 880
11	0.937 451	0.812 354	0.110 170	0.867 397	0.664 125
12	0.894 918	0.820 709	0.238 695	0.738 819	0.608 329
13	0.812 841	0.925 270	0.832 481	0.145 041	0.351 201
14	0.810 267	0.943 834	0.878 629	0.098 908	0.331 067
15	0.833 961	0.865 288	0.608 995	0.368 520	0.448 897
16	0.848 615	0.846 282	0.501 821	0.475 719	0.495 805
17	0.806 744	0.969 293	0.927 170	0.050 396	0.309 278
18	0.889 916	0.822 753	0.255 527	0.721 990	0.600 792
19	0.804 456	0.987 145	0.954 758	0.022 878	0.296 630
20	0.855 939	0.839 481	0.444 405	0.533 120	0.520 245
21	0.805 189	0.994 160	0.967 008	0.010 968	0.291 676
22	0.831 082	0.872 320	0.653 914	0.323 631	0.430 127
23	1.001 351	0.805 154	0.003 776	0.977 485	0.712 699
24	0.808 101	0.958 013	0.906 853	0.070 694	0.318 397
25	0.812 540	0.929 606	0.845 303	0.132 224	0.345 786
26	0.819 429	0.896 278	0.739 045	0.238 474	0.391 769
27	0.860 308	0.837 197	0.394 622	0.582 897	0.540 369
28	0.926 251	0.813 886	0.138 427	0.839 113	0.651 813
29	0.840 577	0.855 941	0.563 440	0.414 095	0.469 116
30	0.844 562	0.850 267	0.496 570	0.480 952	0.496 308

方案	g_i^+	g_i^-	d_i^+	d_i^-	Φ_i
31	0.856 794	0.840 178	0.405 353	0.572 199	0.535 103
32	0.839 157	0.856 942	0.554 552	0.422 957	0.472 035
33	0.949 719	0.810 119	0.084 849	0.892 716	0.675 554
34	0.847 376	0.847 587	0.509 565	0.467 971	0.492 389
35	0.861 189	0.835 328	0.414 995	0.562 541	0.533 155
36	0.814 341	0.920 045	0.819 927	0.157 595	0.356 931
37	0.942 141	0.811 001	0.101 345	0.876 203	0.668 305
38	0.980 641	0.806 769	0.029 859	0.947 854	0.700 192
39	0.817 021	0.909 118	0.788 567	0.188 954	0.370 778
40	0.924 523	0.814 172	0.143 042	0.834 496	0.649 799
41	0.899 827	0.819 632	0.218 920	0.758 600	0.616 727
42	0.807 462	0.964 405	0.918 934	0.058 627	0.313 044
43	0.879 752	0.826 529	0.299 006	0.678 508	0.581 995
44	0.836 993	0.861 067	0.591 759	0.385 770	0.456 766
45	0.803 104	1.003 471	0.977 506	0.002 500	0.286 880
46	0.812 946	0.931 661	0.852 726	0.124 819	0.342 858
47	0.822 761	0.894 365	0.746 767	0.230 795	0.389 889
48	0.856 805	0.838 740	0.440 369	0.537 160	0.522 077
49	0.852 125	0.842 810	0.468 490	0.509 031	0.509 767
50	0.854 424	0.840 739	0.455 396	0.522 131	0.515 555
51	0.834 811	0.863 687	0.598 626	0.378 886	0.453 273
52	0.964 685	0.808 352	0.056 272	0.921 334	0.688 298
53	0.984 166	0.806 615	0.024 288	0.953 505	0.702 663
54	0.911 376	0.816 771	0.180 784	0.796 742	0.633 318
55	0.829 355	0.878 004	0.686 179	0.291 412	0.416 662
56	0.866 878	0.832 010	0.373 803	0.603 713	0.550 427
57	0.974 733	0.807 515	0.038 868	0.938 813	0.696 047
58	0.903 373	0.818 883	0.205 757	0.771 768	0.622 351
59	0.811 529	0.938 290	0.867 407	0.110 134	0.336 223
60	0.906 563	0.817 740	0.196 715	0.780 805	0.626 453
61	0.919 226	0.815 458	0.156 509	0.821 033	0.643 771
62	0.890 926	0.822 381	0.251 748	0.725 769	0.602 450
63	0.839 565	0.856 370	0.550 335	0.427 174	0.473 817
64	0.838 699	0.859 253	0.589 229	0.388 332	0.458 383
65	0.812 091	0.930 864	0.847 739	0.129 787	0.344 610

方案	g_i^+	g_i^-	d_i^+	d_i^-	Φ_i
66	0.809 697	0.950 386	0.893 278	0.084 275	0.324 710
67	0.829 456	0.876 675	0.676 998	0.300 566	0.420 358
68	0.832 969	0.868 448	0.634 254	0.343 287	0.438 596
69	0.851 358	0.843 517	0.474 154	0.503 367	0.507 341
70	0.824 460	0.889 565	0.729 781	0.247 785	0.397 372
71	0.835 527	0.862 370	0.589 507	0.388 004	0.457 102
72	0.897 029	0.820 747	0.227 312	0.750 213	0.612 917
73	0.856 692	0.839 637	0.417 635	0.559 882	0.530 520
74	0.830 180	0.870 338	0.624 266	0.353 249	0.441 494
75	0.877 036	0.828 233	0.307 155	0.670 369	0.578 125
76	0.808 242	0.956 829	0.904 573	0.072 973	0.319 412
77	0.866 010	0.833 161	0.369 538	0.607 972	0.551 666
78	0.806 089	0.975 037	0.936 714	0.040 867	0.304 965
79	0.885 270	0.824 292	0.275 256	0.702 258	0.592 306
80	0.805 484	0.977 588	0.940 199	0.037 386	0.303 253
81	0.870 162	0.831 085	0.344 774	0.632 739	0.562 172
82	0.931 733	0.812 768	0.125 133	0.852 408	0.657 736
83	0.875 845	0.827 132	0.327 747	0.649 772	0.570 368
84	0.813 388	0.922 798	0.826 081	0.151 440	0.354 044
85	0.816 860	0.904 596	0.767 804	0.209 719	0.379 173
86	0.871 362	0.830 922	0.334 109	0.643 414	0.566 446
87	0.881 839	0.825 605	0.290 186	0.687 327	0.585 853
88	0.876 587	0.826 968	0.322 253	0.655 262	0.572 602
89	0.819 339	0.908 613	0.795 873	0.181 726	0.368 656
90	0.817 818	0.905 624	0.777 029	0.200 489	0.375 777
91	0.854 813	0.840 396	0.453 409	0.524 120	0.516 446
92	0.844 747	0.850 477	0.525 705	0.451 821	0.485 229
93	0.816 070	0.909 221	0.784 877	0.192 642	0.371 931
94	0.843 122	0.852 714	0.546 055	0.431 489	0.476 786
95	0.919 952	0.815 034	0.155 464	0.822 070	0.644 355
96	0.830 493	0.871 471	0.640 242	0.337 272	0.435 315
97	0.884 629	0.824 753	0.276 461	0.701 057	0.591 654
98	0.871 243	0.829 653	0.348 933	0.628 581	0.561 067
99	0.841 497	0.853 752	0.527 671	0.449 841	0.483 270
100	0.825 667	0.879 064	0.665 466	0.312 055	0.423 534

附表 2 2030 年水资源优化配置方案综合评价相关参数值

方案	g_i^+	g_i^-	d_i^+	d_i^-	Φ_i
1	0.998 485	0.814 051	0.002 502	0.984 850	0.709 896
2	0.813 431	0.999 112	0.984 853	0.002 300	0.290 025
3	0.898 332	0.831 521	0.255 301	0.729 558	0.600 475
4	0.979 117	0.815 429	0.033 606	0.951 319	0.695 986
5	0.969 607	0.816 427	0.051 864	0.933 034	0.688 046
6	0.993 578	0.813 926	0.009 057	0.976 078	0.706 819
7	0.815 589	0.978 284	0.949 938	0.034 986	0.304 841
8	0.895 848	0.832 337	0.266 308	0.718 551	0.595 838
9	0.839 949	0.878 614	0.634 915	0.349 942	0.439 807
10	0.838 842	0.881 648	0.655 757	0.329 104	0.431 316
11	0.816 372	0.973 092	0.940 627	0.044 284	0.308 987
12	0.813 440	0.998 980	0.984 645	0.002 309	0.290 065
13	0.829 767	0.905 667	0.762 156	0.222 714	0.386 177
14	0.886 354	0.835 929	0.312 121	0.672 738	0.576 566
15	0.820 509	0.945 541	0.881 709	0.103 170	0.334 702
16	0.888 398	0.835 352	0.299 455	0.685 402	0.581 724
17	0.891 083	0.834 178	0.287 414	0.697 443	0.586 870
18	0.833 825	0.891 453	0.697 553	0.287 306	0.413 155
19	0.906 007	0.829 161	0.224 121	0.760 740	0.613 681
20	0.905 159	0.828 885	0.230 330	0.754 530	0.611 319
21	0.814 924	0.984 503	0.961 046	0.023 914	0.299 981
22	0.998 485	0.814 051	0.002 502	0.984 850	0.709 896
23	0.850 864	0.862 234	0.532 366	0.452 491	0.483 068
24	0.846 582	0.868 340	0.581 462	0.403 399	0.462 818
25	0.839 835	0.879 789	0.646 760	0.338 102	0.435 175
26	0.867 977	0.846 361	0.415 550	0.569 308	0.532 820
27	0.837 518	0.884 715	0.672 294	0.312 570	0.424 390
28	0.836 466	0.886 925	0.682 381	0.302 482	0.420 065
29	0.944 298	0.820 078	0.108 157	0.876 715	0.663 616
30	0.928 960	0.823 228	0.148 701	0.836 165	0.646 033
31	0.870 739	0.844 685	0.394 067	0.590 789	0.541 651
32	0.827 781	0.910 942	0.779 061	0.205 802	0.378 723
33	0.845 064	0.870 308	0.589 856	0.395 001	0.459 045
34	0.893 182	0.833 363	0.277 822	0.707 036	0.590 934
35	0.847 455	0.866 595	0.562 576	0.422 280	0.470 348
36	0.838 524	0.882 462	0.660 646	0.324 218	0.429 298
37	0.843 173	0.873 512	0.610 636	0.374 223	0.450 366

方案	g_i^+	g_i^-	d_i^+	d_i^-	Φ_i
38	0.853 981	0.858 809	0.515 035	0.469 822	0.490 754
39	0.828 955	0.905 149	0.754 875	0.229 985	0.388 767
40	0.856 686	0.855 964	0.495 628	0.489 230	0.499 036
41	0.856 755	0.855 894	0.487 667	0.497 189	0.502 039
42	0.850 270	0.863 007	0.539 624	0.445 232	0.480 103
43	0.846 874	0.867 546	0.571 214	0.413 642	0.466 841
44	0.937 483	0.821 523	0.125 011	0.859 858	0.656 238
45	0.971 703	0.817 165	0.045 601	0.939 333	0.690 381
46	0.833 341	0.894 880	0.718 778	0.266 088	0.404 640
47	0.826 253	0.917 031	0.800 296	0.184 570	0.369 683
48	0.873 987	0.842 544	0.376 443	0.608 413	0.549 209
49	0.821 821	0.938 743	0.864 904	0.119 974	0.342 019
50	0.831 721	0.898 325	0.730 780	0.254 081	0.399 314
51	0.820 038	0.948 271	0.888 237	0.096 644	0.331 867
52	0.821 473	0.936 358	0.855 955	0.128 914	0.345 522
53	0.902 202	0.829 756	0.242 361	0.742 500	0.606 235
54	0.962 424	0.817 492	0.066 173	0.918 714	0.681 753
55	0.891 252	0.833 740	0.289 540	0.695 319	0.586 199
56	0.908 676	0.828 263	0.214 777	0.770 084	0.617 723
57	0.841 171	0.876 719	0.626 762	0.358 095	0.443 409
58	0.814 352	0.989 897	0.970 169	0.014 859	0.295 978
59	0.828 482	0.908 966	0.772 690	0.212 174	0.381 518
60	0.863 642	0.849 883	0.436 849	0.548 008	0.523 417
61	0.816 142	0.974 379	0.942 901	0.042 011	0.307 961
62	0.822 889	0.930 278	0.839 739	0.145 127	0.352 598
63	0.849 644	0.864 034	0.552 584	0.432 275	0.474 956
64	0.813 785	0.995 497	0.979 224	0.006 076	0.292 045
65	0.861 807	0.851 233	0.455 088	0.529 768	0.516 013
66	0.821 307	0.941 794	0.872 854	0.112 027	0.338 601
67	0.817 414	0.964 858	0.924 363	0.060 531	0.316 087
68	0.839 237	0.879 777	0.640 076	0.344 782	0.437 546
69	0.843 998	0.871 865	0.598 139	0.386 718	0.455 474
70	0.883 574	0.837 172	0.326 572	0.658 286	0.570 481
71	0.912 685	0.826 767	0.202 269	0.782 593	0.623 254
72	0.918 152	0.825 394	0.183 429	0.801 433	0.631 284
73	0.869 632	0.845 209	0.404 961	0.579 897	0.537 288
74	0.830 135	0.901 975	0.743 427	0.241 432	0.393 735

方案	g_i^+	g_i^-	d_i^+	d_i^-	Φ_i
75	0.915 665	0.825 858	0.192 528	0.792 335	0.627 475
76	0.818 247	0.959 216	0.912 663	0.072 225	0.321 207
77	0.880 514	0.838 999	0.339 263	0.645 593	0.564 879
78	0.922 249	0.824 722	0.168 929	0.815 935	0.637 344
79	0.994 883	0.814 358	0.006 207	0.979 161	0.707 900
80	0.930 258	0.822 668	0.146 008	0.838 858	0.647 324
81	0.825 085	0.921 889	0.815 951	0.168 916	0.362 979
82	0.918 119	0.825 792	0.181 818	0.803 046	0.631 784
83	0.935 178	0.822 000	0.131 093	0.853 775	0.653 599
84	0.954 237	0.819 094	0.082 868	0.902 017	0.674 311
85	0.876 302	0.841 444	0.359 903	0.624 955	0.555 991
86	0.817 000	0.967 700	0.930 008	0.054 890	0.313 607
87	0.860 376	0.852 520	0.462 532	0.522 323	0.512 729
88	0.818 491	0.958 284	0.910 932	0.073 957	0.322 007
89	0.813 431	0.999 112	0.984 853	0.002 300	0.290 025
90	0.823 994	0.925 395	0.825 564	0.159 301	0.358 715
91	0.862 456	0.850 802	0.445 951	0.538 906	0.519 628
92	0.876 950	0.840 665	0.361 623	0.623 235	0.555 614
93	0.871 283	0.844 118	0.394 549	0.590 308	0.541 676
94	0.834 114	0.890 945	0.695 876	0.288 982	0.413 919
95	0.819 659	0.951 590	0.896 419	0.088 468	0.328 384
96	0.825 836	0.918 459	0.804 710	0.180 155	0.367 763
97	0.878 930	0.839 837	0.347 579	0.637 278	0.561 348
98	0.837 908	0.883 915	0.668 551	0.316 314	0.425 993
99	0.833 390	0.894 232	0.714 684	0.270 179	0.406 269
100	0.827 923	0.911 387	0.781 924	0.202 943	0.377 634